數 ╪ 學 ＝（女 × 孩）

秘密筆記

微分篇

前師範大學數學系教授兼主任　　　　日本數學會出版貢獻獎得主

衛宮紘　譯　　　洪萬生　審訂　　　結城浩　著

獻給你

本書將由由梨、蒂蒂、米爾迦與「我」，展開一連串的數學對話。

在閱讀途中，若有抓不到來龍去脈的故事情節，或看不懂的數學式，請你跳過去繼續閱讀，但是務必詳讀女孩們的對話，不要跳過！

傾聽女孩，即是加入這場數學對話。

登場人物介紹

「我」

高中二年級，本書的敘述者。

喜歡數學，尤其是數學公式。

由梨

國中二年級，「我」的表妹。

總是綁著栗色馬尾，喜歡邏輯。

蒂蒂

高中一年級，是精力充沛的「元氣少女」。

留著俏麗短髮，閃亮大眼是她吸引人的特點。

米爾迦

高中二年級，是數學資優生、「能言善道的才女」。

留著一頭烏黑亮麗的秀髮，戴金框眼鏡。

媽媽

「我」的媽媽。

瑞谷老師

學校圖書室的管理員。

C O N T E N T S

序章

什麼東西是不變的？
從久遠的過去到永恆的未來，什麼東西是不會變化的呢？

　不變化，變化。變化？

什麼東西是會變化的呢？
從久遠的過去到永恆的未來，什麼東西在持續改變呢？

　改變、變化、盡其所能地變化吧！

不論是永久不變還是持續改變，
為什麼能篤定那就是永恆呢？

　我們並非來自久遠的過去，
　也不擁有永恆的未來。

找出變化吧！

　不變的事物產生了變化。
　改變的事物停止了變化。

別漏看了這個瞬間。

x

捕捉變化。
捕捉變化的變化。
捕捉變化的變化的變化吧。

　　不變化者，將改變嗎？變化吧，改變了嗎？

自行車、汽車、彈簧、擺錘。
位置、速度、加速度。

來吧！捕捉變化！
運用微分──捕捉變化吧！

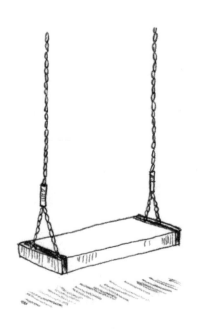

第 1 章

位置的變化

「你能看出位置嗎？」

1.1　啟程

由梨：「哥哥，微分是什麼？」

我：「咦？」

　　表妹由梨是個國中生，她假日的時候總是賴在我的房間。我們從小就玩在一起，她總是稱呼我「哥哥」。今天，她突然提出疑問。

由梨：「微分是什麼？」

我：「微分怎麼了嗎？」

由梨：「喔唷，趕快告訴我什麼是微分啦！」

我：「咦……但是國中不會出微分的作業吧？」

由梨：「這跟作業沒有關係。」

我：「哼，我知道了，妳又在和男朋友比賽了吧！」

　　由梨有個喜歡數學的男朋友，他們會相互出題考對方，有時會出困難的數學概念。

由梨：「你不要問東問西啦，用一句話說明給我聽，微分是什麼？」

我：「微分是沒有辦法用一句話說明的，由梨。」

由梨：「不，哥哥一定做得到，你只是還沒有看清自己的潛力。」

我：「這是什麼經驗豐富的導師口氣。」

由梨：「你趕快告訴我微分是什麼啦！」

我：「勉強用一句話說明……微分就是在求『**瞬間的變化率**』。」

由梨：「瞬間的變化率……哥哥，謝謝，你還是不要說明好了。」

我：「等一下！」
　　我挽留作勢轉身離去的由梨。

由梨：「你只說『瞬間的變化率』，我怎麼瞭解啊！」

我：「由梨，聽好了。妳會不瞭解，是因為妳想要『用一句話說明』。」

由梨：「嗯？」

我：「微分是高中數學的概念，它並不困難，但也不是在沒有任何背景知識的情況下，能夠馬上瞭解的概念。只要確實循序漸進地學習，由梨一定能夠瞭解。要我說明嗎？」

由梨：「高中的數學概念不會很難嗎？真的？」

我：「真的，由梨能夠確實掌握什麼是微分喔。妳聽完哥哥的說明，一定會說『什麼嘛，只是這樣嗎』。」

由梨：「由梨才不會那麼狂妄自大呢！那麼，你還不快點循序漸進地教我！」

我：「……」

因此，我們的「學習微分之旅」就此展開。

1.2 位置

我：「我開始說明微分吧。」

由梨：「嗯！」

我：「如同剛才所講的，微分是在求『瞬間的變化率』，所以我以『變化的事物』為例說明吧。」

由梨：「變化的事物？」

我：「例如，有一個點在直線上移動。」

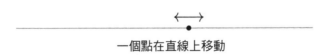

一個點在直線上移動

由梨：「點？」

我：「沒錯。妳可以把『變化的事物』想成汽車，也可以想成
　　行人，但這邊要單純一點，把它想成一個點。」

由梨：「嗯。」

我：「我們將這個點稱為 P。」

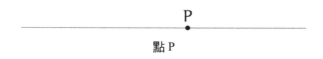

點 P

由梨：「為什麼要這樣稱呼？」

我：「因為沒有名字不好說明，而且點的英文是 point，所以就
　　取字首命名為點 P。」

由梨：「這樣啊。然後呢？」

我：「雖然點 P 的確在直線上移動，但若直線上沒有任何標記，
　　我們就沒有辦法說明點的位置。所以，我們用數字來標示
　　刻度吧。這就是表示點 P 位置的**數線**。」

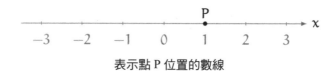

表示點 P 位置的數線

由梨：「嗯，瞭解了。」

我：「這樣就能表示點 P 的位置了。現在，點 P 的位置是 1。」

由梨：「對耶。」

我：「我們將點 P 的位置稱為 x 吧。」

由梨：「哥哥，你很喜歡命名耶。」

我：「如此一來，我們就可以將點 P 的位置表示成 $x = 1$，相當便利。」

由梨：「我瞭解了，老師。」

我：「我來考由梨一個問題吧。」

由梨：「問題？」

我：「這個點 P 移動時，妳認為點 P 的『什麼』會發生變化？」

問題

點 P 移動時，點 P 的「什麼」會發生變化？

由梨：「咦……我不瞭解問題的意思。」

我：「不瞭解嗎？」

由梨：「『什麼』發生變化？這是什麼意思？我不曉得你在問什麼。」

我：「這樣啊，妳能想像點 P 移動的樣子吧？」

由梨：「當然能夠想像囉！」

我：「點 P 移動時，有個東西會變化，那是什麼東西呢？」

由梨：「發生變化的東西……不就是點 P 所在的地方嗎？」

我：「發生變化的不是點 P 的『地方』，而是『位置』喔，由梨。」

問題的答案
點 P 移動時，點 P 的位置會發生變化。

由梨：「這是什麼答案啊。地方和位置是同樣的意思啊！」

我：「剛才的問題是用來測試妳有沒有注意聽我的說明。」

由梨：「這是怎麼一回事？」

我：「在生活中，地方和位置的意義沒有太大的差異，就像由梨說的，它們是同樣的意思。但是，在數學上，最好養成嚴謹的用字習慣。」

由梨：「咦？沒有差多少吧！」

我：「表面上看起來也許沒有差多少，但這是非常重要的。用字不精準，最後可能會使妳一頭霧水。」

由梨：「……是。」

我：「當然，若是已表明『將地方和位置視為相同的概念』，就可以把它們想成同樣的概念。我要強調的是『必須注意每個字詞的使用』。」

由梨：「我知道啦。」

我：「點 P 與位置的概念說明至此，接下來我要說明**時刻**。」

1.3 時刻

我：「如同用數線表示位置，時刻也是用數線來表示。先定義某一時刻為 0，將過去定為負值、未來定為正值。時刻取 time 的字首，命名為 t。」

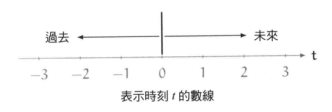

表示時刻 t 的數線

由梨：「為什麼未來是正值呢？」

我：「過去和未來哪一邊要設成正值都可以，但一般會將未來設成正值。」

由梨：「為什麼呢？」

我：「我想大概是因為時間的流逝給人往前邁進的感覺吧。」

由梨：「嗯──」

我：「不論是定過去或未來為正值，在數學上都行得通。但若不決定某一邊為正值，就會造成混亂，所以清楚表示『以這方向為正值』是非常重要的。」

由梨：「我瞭解了。」

我：「位置和時刻的講解到此為止，簡單吧？」

由梨：「簡單！」

1.4　變化

我：「接下來，點 P 移動時，點 P 所在的地方會變化。」

由梨：「才不是。」

我：「咦？」

由梨：「變化的不是點 P 所在的地方，而是位置！」

我：「啊，沒錯！抱歉、抱歉。」

由梨：「你是在測試由梨吧？」

我：「不是，我只是不小心說錯了。」

由梨：「真的？不是故意的？」

我：「真的。我們重來一次吧——點 P 移動時，點 P 的位置會變化。」

由梨：「嗯。」

我：「舉例來說，假設點P位於『1 的位置』，經過一段時間，則位於『4 的位置』。也就是說，點 P 的位置 x 從 1 變成 4。」

由梨：「向右移動了 3。」

我：「沒錯，這就是位置的變化。位置從 1 變成 4，『位置的變化』為 3。剛才由梨怎麼計算出『位置的變化』呢？」

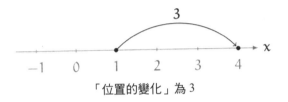

「位置的變化」為 3

由梨：「將 4 與 1 相減。」

我：「沒錯，將『變化後的位置』減去『變化前的位置』，4 減 1 得到 3，這就是『位置的變化』。」

$$位置的變化 = 變化後的位置 - 變化前的位置$$
$$= 4 - 1$$
$$= 3$$

位置的變化

位置的變化 = 變化後的位置 − 變化前的位置

由梨：「變化後減去變化前啊。」

我：「沒錯，這非常重要喔。」

由梨：「哥哥，這一點都不難啊。」

我：「這樣不是很好嗎？接著，假設點 P 從 4 變成 1。」

由梨：「往左返回 3。」

我：「沒錯。這個時候的『位置的變化』是多少？」

由梨：「嗯……是 −3 嗎？」

我：「沒有錯。−3 是它的『位置的變化』。」

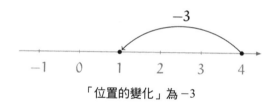

「位置的變化」為 −3

$$位置的變化 = 變化後的位置 - 變化前的位置$$
$$= 1 - 4$$
$$= -3$$

由梨：「好簡單！」

我：「『位置的變化』的求法一定是『變化後的位置』減去『變化前的位置』，和點 P 向左、向右移動沒有關係。這點很重要。」

由梨：「嗯嗯。」

我：「點 P 的『位置的變化』向右移動為正值、向左移動為負值。由『位置的變化』的正負值，我們就能知道點 P 的移動方向。」

由梨：「嗯，沒問題。」

我：「講到這邊，妳瞭解位置、時刻、位置的變化了吧。接下來終於要講速度了！」

1.5 速度

由梨：「速度？」

我：「沒錯。現在我們要求點 P 的速度，觀察動作的快慢，不過同樣要考慮方向。剛才求點 P 位置的變化，我們沒有考慮花了多少時間，但這次要將『時間』考慮進來。」

由梨：「喔──」

我：「由梨知道速度是什麼嗎？」

由梨：「我當然知道啊。」

我：「速度的定義是什麼呢？」

由梨：「定義是什麼意思？」

我：「定義是指字詞上的嚴謹意義。由梨，不要明知故問。速度的定義是什麼？」

由梨:「什麼嘛……嗯……速度的定義是指快慢?──不對,是咻一聲……我不知道啦。」

我:「速度的定義是……」

速度的定義

$$速度 = \frac{變化後的位置 - 變化前的位置}{變化後的時刻 - 變化前的時刻}$$

由梨:「怎麼突然變得這麼複雜。」

我:「妳會覺得複雜是因為妳想要馬上理解式子。『舉例為理解的試金石』,我們舉具體的例子來幫助理解吧。」

由梨:「例子?」

1.6 速度的例子 1

我:「舉例來說,點 P 在 $t = 0$,位置 $x = 1$,經過一段時間後 $t = 1$,位置 $x = 2$。時刻、位置皆變化了。」

例 1

變化前：點 P 在時刻 $t=0$，位置 $x=1$

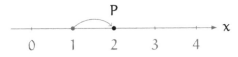

變化後：點 P 在時刻 $t=1$，位置 $x=2$

由梨：「這就是你舉的例子嗎？」

我：「沒錯，此時，我們即能由定義求出『速度』。」

$$例子\ 1\ 的速度 = \frac{變化後的位置 - 變化前的位置}{變化後的時刻 - 變化前的時刻}$$
$$= \frac{2-1}{1-0}$$
$$= 1$$

由梨：「速度為 1。」

我：「沒錯。」

1.7　速度的例子 2

我：「假設時刻 $t=0$，在同樣的位置 $x=1$，若時刻 $t=1$ 時，點
　　P 的位置不是 $x=2$ 而是 $x=4$，則速度是多少？」

例 2

變化前：點 P 在時刻 $t=0$，位置 $x=1$

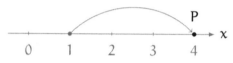

變化後：點 P 在時刻 $t=1$，位置 $x=4$

由梨：「你是指『變化後的位置』變為 4 嗎？」

我：「對。」

$$例子 2 的速度 = \frac{變化後的位置-變化前的位置}{變化後的時刻-變化前的時刻}$$

$$= \frac{4-1}{1-0}$$

$$= 3$$

由梨：「這次的『速度』是 3。」

我：「沒錯。怎麼樣？妳瞭解速度的定義了嗎？」

由梨：「『變化後的位置』－『變化前的位置』越大，『速度』
　　　即越大。」

我：「沒錯。考慮在某時刻，若點 P 位置的變化非常大，速度
　　　即會非常快。這就是速度的概念。」

由梨：「這樣解釋有點複雜。意思是說位置大幅度變化，速度
　　　會比較快吧。」

我：「由速度的定義可知，分子的部分『變化後的位置』－『變
　　　化前的位置』就是『位置的變化』。」

由梨：「嗯。」

我：「而分母的部分『變化後的時刻』－『變化前的時刻』可
　　　說是『時間的變化』。『時間的變化』就是指『花費的時
　　　間』。」

由梨：「那又怎樣呢？」

我：「所以，速度的定義也可以這麼表示……」

速度的定義（另一種寫法）

$$速度 = \frac{變化後的位置 - 變化前的位置}{變化後的時刻 - 變化前的時刻}$$

$$= \frac{位置的變化}{時間的變化}$$

$$= \frac{位置的變化}{花費的時間}$$

由梨：「原來如此。」

我　：「『速度』並不是僅由『位置的變化』來決定。若變化花費的時間過長，位置的變化再大，速度也不會快。」

由梨：「就像走得很遠的烏龜嗎？」

我　：「沒錯。相反地，若花費的時間非常短，即使位置的變化不大，點 P 的速度也可能很快。」

由梨：「就像快速飛舞的蜜蜂嗎？」

我　：「沒錯。再看一次速度的定義，妳會發現公式確實表現了這種現象。」

$$速度 = \frac{位置的變化}{時間的變化}$$

由梨：「這樣啊。因為位置的變化在分子，時間的變化在分母，

所以⋯⋯」

我：「計算點 P 的移動速度，必須同時考慮時刻 t 和位置 x。」

由梨：「嗯嗯。」

我：「因為要同時考慮時刻 t 和位置 x，所以我們來畫關係圖吧。」

由梨：「好！」

1.8　位置關係圖

我：「假設『位置關係圖』如下頁所示，則點 P 會做什麼樣的運動呢？」

問題

若點 P 的運動如下面的位置關係圖所示，則點 P 是在做什麼樣的運動呢？

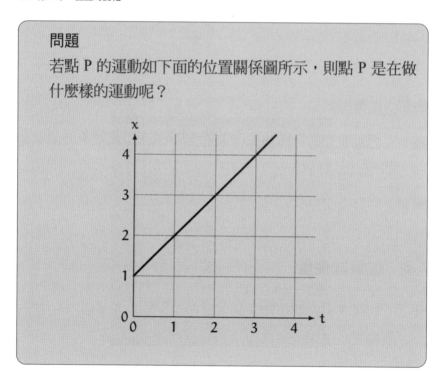

由梨：「很簡單啊。點 P 一直在移動！」

我：「對，點 P 的確一直在移動。」

由梨：「嗯！下一個問題！」

我：「等一下！由梨，妳沒有發現其他事情嗎？」

由梨：「其他事情……當時刻 $t = 0$，點 P 位於位置 1 嗎？」

我：「沒錯。時刻 $t = 0$，位置為 $x = 1$。」

由梨：「當 $t = 1$，$x = 2$；當 $t = 2$，$x = 3$……」

我：「由圖可知，點 P 的速度一直是 1。」

由梨：「速度？」

我：「『速度』是『位置的變化』除以『時間的變化』。仔細
觀察這張關係圖可知，時間從 1 變化成 3 時，位置 x 會從
2 變化成 4。」

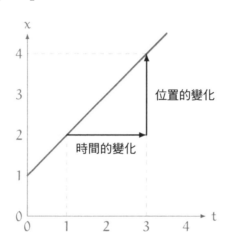

由梨：「所以呢？」

我：「也就是說，在這個『位置關係圖』中，『時間的變化』
是橫軸的變化；『位置的變化』是縱軸的變化。」

由梨：「……」

我：「此『位置關係圖』的點 P『速度』，是『位置的變化』
除以『時間的變化』，所以速度才會一直是 1。」

由梨：「因為向右的移動量和向上的移動量相同嗎？」

我：「沒錯，就是那樣。」

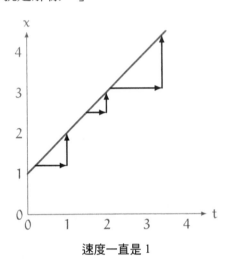

速度一直是 1

由梨：「速度保持相同耶。」

我：「我們稱這樣的運動為**等速度運動**。它以相同的速度運動。」

由梨：「等速度運動……」

問題的答案

若點 P 的運動情形如下面的「位置關係圖」所示，點 P 為等速度運動，速度為 1。

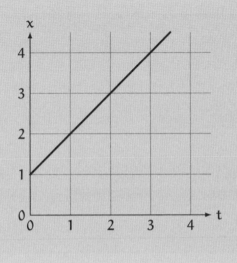

由梨：「哥哥，這和你以前教的東西很像耶，就是比例的觀念*
……」

我：「沒錯。」

由梨：「那個時候，我講解了**圖形的斜率**。斜率就是思考若向
右移動 1，則向上移動多少。」

我：「沒錯！圖形的斜率就是點 P 的速度啊！」

---

* 參照《數學女孩秘密筆記：公式圖形篇》第 4 章。

由梨：「嘿——」

我：「下圖改變了『位置關係圖』的斜率，由圖可知，斜率大
　　表示相同的時間變化裡，位置的變化大——也就是速度
　　快。下圖為速度慢、速度中、速度快的三種位置關係
　　圖。」

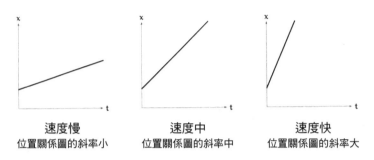

速度慢　　　　　　　速度中　　　　　　　速度快
位置關係圖的斜率小　位置關係圖的斜率中　位置關係圖的斜率大

由梨：「嗯。」

1.9　速度關係圖

我：「我們再假設一次點 P 速度為 1 的等速度運動吧。請看下
　　頁的『位置關係圖』。」

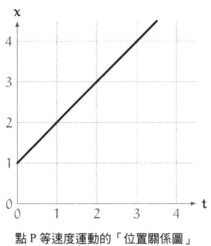

點 P 等速度運動的「位置關係圖」
（速度為 1）

由梨：「嗯，速度一直是 1 呢。」

我：「速度維持 1 就是指，點 P 的『速度關係圖』是 $v = 1$ 的水平線。」

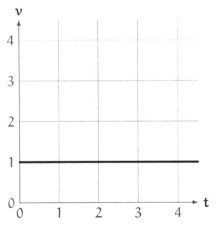

點 P 等速度運動的「速度關係圖」
（速度為 1）

由梨：「這很理所當然啊，因為每個時刻的速度都是 1。」

我：「雖然都是表示同一個點的同一種運動，但『位置關係圖』和『速度關係圖』的圖形卻不一樣。」

由梨：「嗯。」

我：「令速度關係圖的縱軸為 v。」

由梨：「我是有注意到 v 啦……」

我：「因為速度的英文是 velocity，所以取它的字首來代表。」

由梨：「咦？速度不是 speed 嗎？」

我：「『速度』是 velocity，『速度的大小』才是 speed 喔。速度包含了方向；速度的大小則沒有包含方向。若點是在直

線上移動，則『速度』可能有正負值，但是『速度的大小』不會有負值。」

由梨：「嗯……舉例來說，『速度』可為 3 或 −3，但『速度的大小』只有 3 嗎？」

我：「沒錯。妳可以想一下汽車的儀表板。儀表板顯示的不是『速度』而是『速度的大小』，跟汽車往哪個方向行駛沒有關係。」

由梨：「原來如此。」

我：「『速度的大小』在物理上稱為『速率』。雖然有點複雜，但妳能夠瞭解吧？」

由梨：「還可以。」

速度	亦即「位置的變化」除以「時間的變化」。 速度包含方向。 有可能是負值。 英文為 velocity。
速率	表示「速度的大小」。 速率沒有方向。 不會出現負值。 英文為 speed。

1.10　微分

我：「接著我要直接講解『微分』。」

由梨：「咦？」

我：「從『位置關係圖』求得『速度關係圖』，就是利用了微分。」

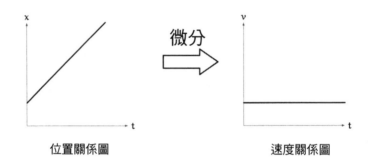

位置關係圖　　　　　　　　　　　速度關係圖

由梨：「咦？怎麼這麼突然！」

我：「嚇到了吧！」

由梨：「嗯，嚇到我了。」

我：「『速度』是『位置的變化』除以『時間的變化』。換句話說，相對於『時間的變化』，發生了多少『位置的變化』即是『速度』。」

$$速度 = \frac{位置的變化}{時間的變化}$$

由梨：「嗯？」

我：「我們一般把『發生了多少變化』稱為『變化率』。『率』
　　是比例的意思。」

由梨：「是『瞬間的變化率』。」

我：「沒錯。我說過，勉強用一句話說明微分，就是求『瞬間
　　的變化率』。把『位置關係圖』做微分可以得到『速度關
　　係圖』。雖然嚴格來講是對時刻 t 做微分。」

由梨：「對時刻 t 做微分……」

我：「我們比較剛才看過的三種運動吧。『位置關係圖』的斜
　　率越大，『速度關係圖』的水平線就越向上移。」

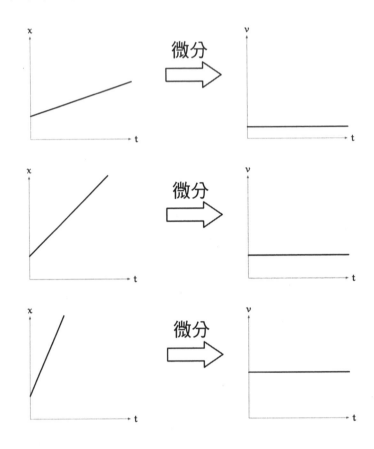

由梨：「⋯⋯」

我：「一開始妳可能會覺得有點混亂。」

由梨：「才不混亂呢。」

我：「咦？」

由梨：「你看，『位置關係圖』只表示點的位置，『速度關係圖』也很好懂。哥哥，微分就只有這樣嗎？從這個斜線求水平線根本不難，只是代表越傾斜速度越快呀。」

我：「這是因為等速度運動很單純，所以微分才不難喔。」

由梨：「單純？」

我：「等速度運動的速度是固定的，不管在什麼時刻，速度都相等。」

由梨：「因為是等速度運動啊。」

我：「等速度運動的『位置關係圖』，斜率固定……呈直線。此時，『速度關係圖』會是水平線，速度是固定的數值。這是很單純的運動，圖形也很單純，但是若『速度』不固定，情況會變得如何呢？」

由梨：「你是指『時快時慢』的情況嗎？」

我：「對，有時可能會停下來；有時可能會往反方向移動。」

由梨：「嗯——」

我：「這種複雜的運動，『位置關係圖』不會呈直線。此時，『速度關係圖』會呈現什麼樣的圖形呢？雖然將『位置關係圖』微分就能夠得到『速度關係圖』，但若速度不固定，也就是速度有變化，情況就不單純了。」

由梨：「這樣啊，速度有變化……」

我：「微分好玩的地方就在這裡喔！」

由梨：「咦？」

我：「讓我們從『位置關係圖』來看，點的速度有所變化的運動情形吧。」

由梨：「嗯！」

母親：「吃點心囉！」

由梨：「哥哥，我們先吃點心再繼續吧！」

「你能夠看出時刻嗎？」

第 1 章的問題

　　　　　　　　這個問題不能用其他方式表達嗎？
　　　　　　　　　　　還有其他問法嗎？
　　　　　　　　　　　　回歸定義吧。
　　　　　　　　——波利亞（George Pólya）

●問題 1-1（位置關係圖）
下圖為點 P 在直線上，時刻 t 與位置 x 的關係圖。

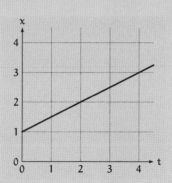

①試求時刻 $t = 1$ 的位置 x。
②試求位置 $x = 3$ 的時刻 t。
③假設點 P 持續相同的運動，試求位置 $x = 100$ 的時刻 t。
④試畫出點 P 的速度關係圖。

（答案在 p.196）

●問題 1-2（位置關係圖）

下圖為點 P 在直線上，時刻 t 與位置 x 的關係圖。

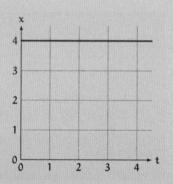

請畫出點 P 的速度關係圖。

（答案在 p.199）

●問題 1-3（位置關係圖）

下圖為點 P 在直線上，時刻 t 與位置 x 的關係圖。

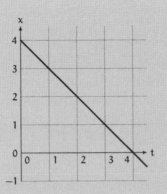

請畫出點 P 的速度關係圖。

（答案在 p.201）

第 2 章

速度的變化

「公式和圖形最大的不同是什麼？」

2.1 國語和數學

我和表妹由梨在餐廳吃點心。點心是水果乾與蔬菜乾，有蘋果、橘子、洋蔥等切成薄片的乾果。

由梨：「這個真好吃（喀喳喀喳），好像蘋果口味的洋芋片。」

我：「不對，它本來就是蘋果，不是洋芋片（喀喳喀喳）。而且這沒有油炸，應該是高溫乾燥製成的吧。」

由梨：「跟哥哥講話好像在上國語課。」

我：「咦！為什麼？」

由梨：「因為哥哥很講究遣詞用字。我說『好像洋芋片』，又不是說『是洋芋片』，沒差吧。再說，又不是所有的洋芋片都用炸的。」

我：「妳這麼說是沒錯。」

由梨：「你剛才*1 也是這樣，『位置』、『時刻』、『速度』……斤斤計較！」

我：「嚴謹地用字是很重要的，因為……」

由梨：「咦！哥哥，好奇怪喔！」

我：「……怎麼了？」

由梨：「速度是物理的概念，而微分是數學。這麼一來，微分不就像物理、數學的國語嗎？」

我：「由梨，妳注意到非常棒的細節喔。速度的概念的確屬於**物理學**的領域。」

由梨：「物理學？」

我：「要具體表示物理學研究的各種現象，數學是非常重要的工具，微分也是其中一種方法。」

由梨：「為什麼？」

我：「因為微分是表現變化的方便工具。研究移動物體的『位置的變化』，我們會使用微分。由梨剛才說的『像物理、數學的國語』是對的。學校本來就是為了方便，才將學問分門別類的。」

由梨：「為了方便？」

---

*1 參照第 1 章。

我：「分成各個科目，老師容易教學，學生也容易學習。所以，為了方便，學校會區分科目。」

由梨：「這樣啊。」

我：「利用數學，將時刻和位置等『量的關係』以公式來表示，即可觀察變化。而將變化的兩個量以圖形來表示相互關係，便能一目了然。因此物理學的研究會善用數學的公式、圖形等工具，是非常自然的事。」

由梨：「原來如此，我瞭解了。」

我：「我前面的說明就是倒過來的情形。」

由梨：「倒過來？」

我：「我並不是為了研究速度而使用微分，而是為了向由梨說明微分，才說明速度。」

由梨：「速度的觀念一點都不難耶。」

我：「對啊。」

由梨：「但是，太簡單了，沒有挑戰性。」

我：「這是因為我們只考慮固定速度的『等速度運動』。」

2.2　速度有所變化的運動

由梨：「若不是等速度運動，速度就會改變嗎？」

我：「沒錯，我來舉個簡單的例子吧。點 P 在直線上移動的『位置關係圖』如下圖所示。」

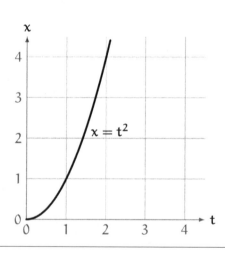

位置關係圖

假設點 P 在直線上移動，時刻 t 的位置為 x。

則 x 以 t 來表現的公式如下：

$$x = t^2$$

$x = t^2$

我：「在時刻 t，點位於位置 x，而我們將該位置 x 以時刻 t 表示成公式 $x = t^2$。」

由梨:「速度好像會一下子變快耶。」

我 :「沒錯,這很重要。為了確認由梨有沒有真的懂,我來出個問題吧。時刻 $t = 1$ 的位置 x 是多少?」

由梨:「x 是 1。」

我 :「沒錯,因為關係式是 $x = t^2$,所以 $t = 1$,則 $x = t^2 = 1^2 = 1$,直線會通過 $(t, x) = (1, 1)$。」

由梨:「哥哥,這個 $x = t^2$ 的式子,是在描述運動嗎?」

我 :「沒錯。假設點 P 在時刻 t,會出現在 $x = t^2$ 的位置,就是假設點 P 做這樣的運動……的意思。」

由梨:「只要將時刻平方就能知道位置呢。」

我 :「沒錯。那麼,時刻 $t = 2$,位置 x 為何?」

由梨:「2 的平方是 4 呀,所以 $x = 4$。」

我 :「正確,$t = 2$,則為 $x = t^2 = 2^2 = 4$。線會通過 $(t, x) = (2, 4)$。」

由梨:「簡單!」

我 :「這樣一來,我們就知道……

・時刻 t 從 1 變化成 2 的時候
・位置 x 從 1 變化成 4

知道『時間的變化』和『位置的變化』，我們就能計算『速度』。而由速度的定義——」

由梨：「套用速度的定義嗎？讓我來！」

求時刻從 1 變化成 2 的速度
（時間的變化為 1）

$$
\begin{aligned}
速度 &= \frac{位置的變化}{時間的變化} \\
&= \frac{變化後的位置 - 變化前的位置}{變化後的時刻 - 變化前的時刻} \\
&= \frac{2^2 - 1^2}{2 - 1} \\
&= \frac{4 - 1}{2 - 1} \\
&= \frac{3}{1} \\
&= 3
\end{aligned}
$$

由梨：「所以速度是 3 嗎？」

我：「沒錯，妳答對了。時刻從 1 變化成 2 的速度是 3。」

由梨：「簡單。」

我：「然而，這邊有一個大問題。」

由梨：「大問題？」

我：「時刻為 1 的速度是多少？」

由梨：「剛才不是計算完了嗎？速度是 3 啊。」

我：「不對，妳仔細想想。妳剛才求的是時刻從 1 變化成 2 的速度吧。」

由梨：「沒錯。」

我：「時刻從 1 變化成 1.1 的速度也是 3 嗎？」

由梨：「咦？」

我：「這個點 P 可能一瞬間變快，也就是變化速度呀。這樣一來，即便時間的變化很小，速度還是會改變吧？」

由梨：「當然有這個可能……但是知道時間的變化和位置的變化，就能計算速度吧？所以每次都算一下就好啦。」

我：「問題就在這裡。我們畫速度關係圖的時候，必須知道時刻 t 的速度。」

由梨：「所以啊，只要計算速度……」

我：「但是，若時刻從 1 變化成 2 的速度，和從 1 變化成 1.1 的速度不同，時刻 1 的速度到底要怎麼計算呢？」

由梨：「啊！你是指這個啊……咦？」

我：「整理一下我們的想法吧。」

・點 P 在時刻 t 的位置 x 為 $x = t^2$。

・計算時刻從 1 變化成 2 的速度。

・計算時刻從 1 變化成 1.1 的速度。

・那麼，能夠計算時刻 1 的速度嗎？

由梨：「時刻 1 的——瞬間速度？」

我：「沒錯，由梨，我們想要求瞬間的速度。時刻 1 的瞬間速度、時刻 2 的瞬間速度……一般會先求時刻 t 的瞬間速度，只要求出時刻 t 的瞬間速度，就能畫出速度關係圖。」

由梨：「沒錯……」

我：「因此，這裡必須做微分。當我們只知道時刻 t 的位置，則求時刻 t 的瞬間速度，即必須依賴微分。因為微分是在求『瞬間的變化率』。」

由梨：「嗯……我好像聽懂了，又好像沒聽懂。」

我：「以具體的例子來看，就會非常清楚。剛才我們計算時刻從 1 變化成 2 的速度，也就是計算時間變化為 1 的速度。因為要求瞬間速度，所以我們必須盡量縮小時間的變化，使它逼近 0。」

由梨：「如果盡量縮小時間的變化，速度好像也會逼近 0 耶。」

我：「真的會這樣嗎？」

2.3　時間的變化若為 0.1

由梨：「接下來呢？」

我：「我們來求時刻從 1 變化成 1.1 的速度吧。」

由梨：「這個也是依照速度的定義來計算吧？」

我：「沒錯。套用 $x = t^2$，即可知道位置。」

求時刻從 1 變化成 1.1 的速度

（時間的變化為 0.1）

$$速度 = \frac{位置的變化}{時間的變化}$$

$$= \frac{變化後的位置 - 變化前的位置}{變化後的時刻 - 變化前的時刻}$$

$$= \frac{1.1^2 - 1^2}{1.1 - 1} \quad 代入 \ x = t^2，求變化前後的位置$$

$$= \frac{1.21 - 1}{1.1 - 1} \quad 因為 \ 1.1^2 = 1.21$$

$$= \frac{0.21}{0.1}$$

$$= 2.1$$

由梨：「前面計算的速度是 3，這次卻變成 2.1……」

我：「對，時間的變化比較小，速度也會跟著變化，不出我們
所料呢。」

　・時刻從 1 變化成 2，速度為 3。
　　（時間的變化為 1）

　・時刻從 1 變化成 1.1，速度為 2.1。
　　（時間的變化為 0.1）

由梨：「……果然，時間的變化越來越小，速度最後就會變成
0 吧。」

我：「為了驗證這個猜測，我們只能動手計算囉，先繼續算下去吧。」

由梨：「嗯——好吧。」

2.4　時間的變化若為 0.01

我：「接下來，試著將時間的變化改為 0.01。」

由梨：「就是時刻從 1 變化成 1.01 吧！」

求時刻從 1 變化成 1.01 的速度
（時間的變化為 0.01）

$$速度 = \frac{位置的變化}{時間的變化}$$

$$= \frac{變化後的位置 - 變化前的位置}{變化後的時刻 - 變化前的時刻}$$

$$= \frac{1.01^2 - 1^2}{1.01 - 1}$$

$$= \frac{1.0201 - 1}{1.01 - 1} \quad 因為 \ 1.01^2 = 1.0201$$

$$= \frac{0.0201}{0.01}$$

$$= 2.01$$

我：「妳沒有計算錯誤嗎？要特別注意位數喔。」

由梨：「沒問題啦。速度是 2.01，速度果然變慢了！」

我：「來統整一下吧。」

* 時刻從 1 變化成 2，速度為 3。
  （時間的變化為 1）
* 時刻從 1 變化成 1.1，速度為 2.1。
  （時間的變化為 0.1）
* 時刻從 1 變化成 1.01，速度為 2.01。
  （時間的變化為 0.01）

2.5　由梨的推測

由梨：「哥哥，這是我的推測啦，若時間的變化為 0.001，速度是不是會變成 2.001 喵？」

我：「妳為什麼會這麼想喵？」

由梨：「不要學我啦！因為若時間的變化為 1 → 0.1 → 0.01，速度會變為 3 → 2.1 → 2.01，這有規律吧？尤其是 2.1 和 2.01。」

時間的變化	1	0.1	0.01	⋯
速度	3	2.1	2.01	⋯

我：「3 的地方看不出規律嗎？」

由梨：「嗯……哥哥看得出規律嗎？」

我：「我看得出來喔，將表重新寫成這樣就行了！」

時間的變化	1	0.1	0.01	⋯
速度	$2+1$	$2+0.1$	$2+0.01$	⋯

由梨：「原來如此！$3 = 2 + 1$」

2.6　時間的變化若為 0.001

我：「那麼我們趕緊來計算時間變化為 0.001 的例子吧。」

由梨：「速度應該會變成 2.001 吧！葛格！」

我：「妳都幾歲了，還裝可愛。」

> 試求時間從 1 變化成 1.001 的速度。
> （時間的變化為 0.001）
>
> $$\begin{aligned}
> 速度 &= \frac{位置的變化}{時間的變化} \\[6pt]
> &= \frac{變化後的位置 - 變化前的位置}{變化後的時刻 - 變化前的時刻} \\[6pt]
> &= \frac{1.001^2 - 1^2}{1.001 - 1} \\[6pt]
> &= \frac{1.002001 - 1}{1.001 - 1} \qquad \text{因為 } 1.001^2 = 1.002001 \\[6pt]
> &= \frac{0.002001}{0.001} \\[6pt]
> &= 2.001
> \end{aligned}$$

由梨：「看吧！看吧！是 2.001 啊！」

我：「沒錯。就像由梨說的，會變成 2.001。」

時間的變化	1	0.1	0.01	0.001	⋯
速度	3	2.1	2.01	2.001	⋯

由梨：「果然不出我所料！若時間的變化為 0.0001，則速度為 2.0001！」

我：「我們令時間的變化為 h 吧。」

由梨：「咦？」

我：「妳是以具體的數字來推測，而妳的推測也驗證了。但數字有無限多個，這樣算下去會沒完沒了，所以我們要導入代數符號，把它一般化。」

由梨：「一般化？」

2.7　時間的變化若為 h

我：「我們將時間的變化以 h 來表示，計算時刻從 1 變化成 $1+h$ 的速度。速度的計算方式和剛才相同，只是這次要代入 h。」

由梨：「為什麼要代入 h 呢？」

我：「代入 h，由梨的推測就能以這樣的方式表示喔⋯⋯」

由梨的推測

將時間的變化以 h 來表示。

時刻從 1 變化成 $1 + h$，

則速度變為 $2 + h$。

由梨：「啊，是這樣啊！」

我：「若代入 h，不論時間的變化是 1、0.1、0.01……都沒有必要一一確認。」

由梨：「這是用數學的定義下去計算嗎？」

我：「當然。」

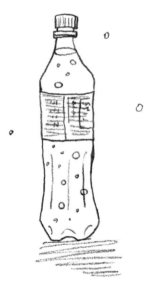

求時刻從 1 變化成 1 + h 的速度

（時間的變化為 h）

$$
\begin{aligned}
速度 &= \frac{位置的變化}{時間的變化} \\[2mm]
&= \frac{變化後的位置 - 變化前的位置}{變化後的時刻 - 變化前的時刻} \\[2mm]
&= \frac{(1+h)^2 - 1^2}{(1+h) - 1} \\[2mm]
&= \frac{1^2 + 2h + h^2 - 1}{1 + h - 1} \qquad 因為\ (1+h)^2 = 1^2 + 2h + h^2 \\[2mm]
&= \frac{2h + h^2}{h} \qquad\qquad\quad 代入數字計算 \\[2mm]
&= 2 + h \qquad\qquad\qquad 分子\ 2h + h^2\ 除以\ h
\end{aligned}
$$

由梨：「真的耶！速度為 $2 + h$，計算一下就知道了！」

我：「所以，若時間的變化是 $h = 0.0001$，馬上就可以知道速度是 $2 + h = 2.0001$，不用進行複雜的計算。」

由梨：「這樣啊！」

我：「妳瞧，將時間的變化以 h 來表示，就能一般化了。這就是『導入代數符號的一般化』厲害的地方，只要代入一次，就如同確認了無數個具體數字。」

由梨：「真好玩喵……」

> 重點整理
> ・位置 x 以 $x = t^2$ 來表示。
> ・時刻 t 從 1 變化成 $1 + h$，
> 　速度為 $2 + h$。

我：「話說回來，妳竟然能展開 $(1+h)^2$。」

由梨：「我只是照著展開公式做！」

我：「的確是這樣。」

> 代入展開的公式
>
> $$(a + b)^2 = a^2 + 2ab + b^2 \qquad 展開公式$$
> $$(1 + h)^2 = 1^2 + 2h + h^2 \qquad 代入\ a=1、b=h$$

由梨：「但是，這是由梨第一次使用展開的公式呢。」

我：「第一次使用？這是什麼意思？」

由梨：「我不是指應付考試，而是第一次使用在『自己的計算』上。」

我：「原來如此……原來如此。」

由梨：「然後呢？然後呢？接下來要做什麼？」

我：「嗯。我們再導入另一個代數符號吧。」

由梨：「另一個？不是 h 的符號？」

2.8　導入另一個符號

我：「剛剛我們導入表示時間變化的 h，計算了速度。」

由梨：「嗯，速度是 $2 + h$。」

我：「這個 $2 + h$ 是時刻從 1 變化成 $1 + h$ 的速度。」

由梨：「沒錯。」

我：「接下來，我們將『變化前的時刻』以 t 代入，來一般化。也就是，計算時刻從 t 變化成 $t + h$ 的速度。」

由梨：「又是一般化！為什麼啊？」

我：「這樣一來，不論變化前的時刻是 1、2、3 或是任何時刻，我們都能計算速度。若『變化前的時刻』為 t，則『變化後的時刻』就是 $t + h$。這樣妳能夠計算速度了吧？」

由梨：「可以啦，但 t 和 h 要怎麼辦？」

我：「什麼意思？」

由梨：「直接計算就可以了嗎？」

我：「直接計算就可以了，最後妳會得到含有 t 和 h 的速度公
　　式。」

求時刻從 t 變化成 $t + h$ 的速度。
（時間的變化為 h）

$$
\begin{aligned}
速度 &= \frac{位置的變化}{時間的變化} \\
&= \frac{變化後的位置 - 變化前的位置}{變化後的時刻 - 變化前的時刻} \\
&= \frac{(t + h)^2 - t^2}{(t + h) - t} \\
&= \frac{(t^2 + 2th + h^2) - t^2}{t + h - t} \\
&= \frac{t^2 + 2th + h^2 - t^2}{t + h - t} \\
&= \frac{2th + h^2}{h} \\
&= 2t + h
\end{aligned}
$$

由梨：「完成了！速度是 $2t + h$ 嗎？」

我：「沒錯！由梨真了不起。」

由梨：「嘿嘿，因為是相同的計算嘛。」

我：「回歸速度的定義來處理即可。」

由梨：「然後呢？然後呢？接下來要一般化什麼？」

我：「不，我們先停一停，回顧一下前面的內容。」

由梨：「咦？我們不計算了嗎？」

我：「我們來回顧由梨前面的計算，複習是很重要的。一開始，我們想要知道的是，點 P 『在時刻 t，則位置為 $x = t^2$』的運動。」

由梨：「對啊。」

我：「經過多次的實際計算，由梨即能推測速度為何了。」

由梨：「對，因為有規則。」

我：「然後我們再以 h 表示時間的變化，證明了由梨的推測是正確的。這樣一來，不論時間的變化有多大，我們都能計算速度。」

由梨：「嗯！這很有意思。」

我：「接著，我們以 t 表示變化前的時刻，因此能夠計算時刻從 t 變化成 $t+h$ 的速度。」

由梨：「速度是 $2t + h$ 嗎？」

我：「沒錯。」

重點整理

・位置 x 為數學式 $x = t^2$。
・我們能夠以 $2t + h$ 來計算時刻從 t 變化成 $t + h$ 的速度。

2.9 *h* 逼近 0

我：「接下來，由梨，假設速度為 $2t + h$，而時間的變化 h 非常非常非常非常接近 0。」

由梨：「嗯。」

我：「此時，速度會非常非常非常非常接近 $2t$，妳瞭解嗎？」

由梨：「這是當然的啊，因為 $2t + h$ 的 h 逼近 0。」
　・由 $2t + h$ 得到速度。
　・當 h 非常接近 0，速度會非常接近 $2t$。

我：「當 h 非常接近 0，速度會非常接近 $2t$。嚴格來講，這就是數學的**極限概念**。將剛才講的『非常接近』想成『逼近』，就是極限的概念。所謂的逼近就是指要多近有多近的意思。要嚴格定義微分，就會使用到極限的概念。」

由梨：「極限？」

我：「沒錯。我現在先不說明極限的概念，先來畫速度關係圖。若位置關係圖是 $x = t^2$，速度關係圖為 $v = 2t$，時刻 t 的速度為 $2t$，則關係圖會像這樣……」

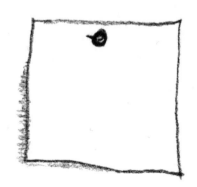

位置關係圖

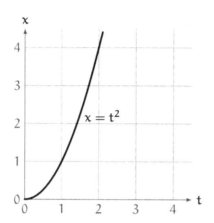

速度關係圖

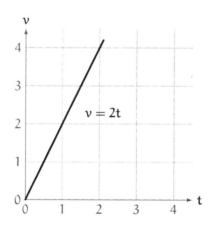

2.10　瞬時速度

我：「由梨剛才要求『用一句話說明微分』的時候，我說『就是求『瞬間的變化率』』。」

由梨：「對。」

我：「我們由『位置關係圖』$x = t^2$，求得『速度關係圖』$v = 2t$。t^2 對 t 微分成 $2t$，就是微分的例子。」

$$t^2 \xrightarrow{\text{對 } t \text{ 微分}} 2t$$

由梨：「t^2 對 t 微分成 $2t$……」

我：「由梨剛才已經用定義計算了好幾次速度。」

由梨：「對。」

我：「妳擔心若時間的變化 h 接近 0，速度會不會也接近 0——但實際上不是如此。導出的速度公式為 $2t + h$，當式子中的 h 接近 0，速度會接近 $2t$，而不是接近 0。」

由梨：「對。速度為 0 只有在 $t = 0$ 的時候。」

我：「沒錯。當時間的變化 h 接近 0，速度關係圖會接近 $v = 2t$，這就是時刻 t 的『瞬時速度』。想知道在時刻 t 這一瞬間，位置 x 發生了什麼變化，就必需使用微分。」

由梨：「要由位置求得速度，必需用微分嗎？」

我：「對，可以這麼說。位置 $x = t^2$ 對時刻 t 微分，即能得到速度 $2t$。」

由梨：「嗯……」

我：「我們剛才是考慮位置 x 為 $x = t^2$ 的情形，得到速度 $v = 2t$ 的數學式，因為『t^2 對 t 微分成 $2t$』。如果位置 x 是不一樣的數學式，則微分所得的速度，也會是不一樣的數學式。」

$$位置 \xrightarrow{\text{對時刻微分}} 速度$$

由梨：「這樣啊……」

我：「然而，不管是以什麼樣的數學式來表示，微分的計算方式和妳先前的做法皆相同。由梨之前是做『t^2 對 t 微分，得到 $2t$』的計算——剛好跳過極限的部分。」

由梨：「……」

我：「很困難嗎？」

由梨：「嗯……有一點。計算是很簡單又有意思，但 h 接近 0 的地方……我不是很瞭解。速度關係圖會變成 $v = 2t$，這部分我瞭解。」

我：「妳很厲害啊。」

由梨：「……」

我:「怎麼了嗎?」

由梨:「微分是用減法來思考的吧,所以我總覺得很像喵
　　　……」

我:「微分跟什麼很像?」

由梨:「我覺得……微分跟等差數列很像!」

「式子和圖形各自隱含了什麼意義?」

第 2 章的問題

●問題 2-1（判讀位置關係圖）

直線上動點的「位置關係圖」如 (A)～(F) 所示，各點是做什麼樣的運動？請選擇選項①～④。

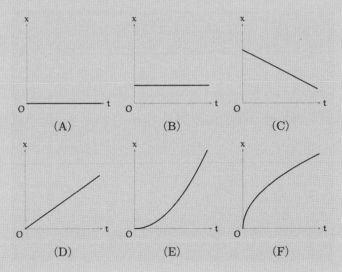

選項

①靜止（速度維持 0）

②等速度運動（速度固定但不為 0）

③漸漸變快（速度為正且逐步增加）

④漸漸變慢（速度為正但逐步減少）

（答案在 p.203）

●問題 2-2（求速度）

第 2 章，我們得知若時刻 t 的位置 x 為：

$$x = t^2$$

則時刻 t 的速度 v 為：

$$v = 2t$$

此外，若時刻 t 的位置 x 為：

$$x = t^2 + 5$$

則時刻 t 的速度 v 數學式為何？

（答案在 p.205）

第 3 章

巴斯卡三角形

「發現模式，就是發現『不斷重覆的規則』？」

3.1　圖書室

放學後，我如同往常前往學校的圖書室。

我發現學妹蒂蒂正在看「問題卡片」。

我：「蒂蒂，那是村木老師的研究課題嗎？」

蒂蒂：「對！這是新的研究課題，但也不算新的……」

我：「這是著名的巴斯卡三角形啊。」

巴斯卡三角形（村木老師的研究課題）

```
                    1
                 1     1
              1     2     1
           1     3     3     1
        1     4     6     4     1
     1     5    10    10     5     1
   1     6    15    20    15     6     1
 1     7    21    35    35    21     7     1
1    8    28    56    70    56    28    8    1
```

蒂蒂：「這是將相鄰的數字相加，產生下方的數字嗎？」

$$a \quad b$$
$$a+b$$

我：「對，整個三角形的數都是依照這個規則組成，且兩端皆為 1。」

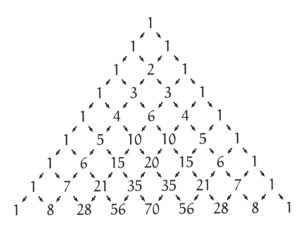

巴斯卡三角形是以相鄰兩數相加構成的

蒂蒂：「因為這不像『試求……』的問題有固定的形式，所以村木老師才選擇這個問題作為研究課題呀！」

我：「對，妳也可以自由研究妳喜歡的東西，當作報告。巴斯卡三角形是常見的研究課題，這個三角形包含了許多有趣的性質。」

蒂蒂：「嘿……明明只是兩數相加構成的三角形，怎麼會有那麼多有趣的性質啊！巴斯卡先生真是厲害。」

我：「據說早在巴斯卡以前，這個三角形就流傳於中國等地。在巴斯卡三角形中，可以找到著名的**數列**，例如，1,2,3,4,5,6,7,8,…。」

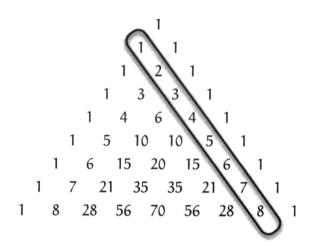

大於 1 的整數列（1,2,3,4,5,6,7,8,…）

蒂蒂：「啊，是斜線，數字每次都增加 1。」

我：「我來出個問題吧。下一個斜線的數列 1,3,6,10,15,21,28,…
　　是什麼樣的數列呢？」

問題

數列（1,3,6,10,15,21,28,…）是什麼樣的數列？

```
                1
              1   1
            1   2   1
          1   3   3   1
        1   4   6   4   1
      1   5  10  10   5   1
    1   6  15  20  15   6   1
  1   7  21  35  35  21   7   1
1   8  28  56  70  56  28   8   1
```

蒂蒂：「嗯……什麼樣的數列？我不知道耶。」

我：「這是**三角形數**喔。」

蒂蒂：「三角形數是什麼？」

我：「這是圓球擺成三角形所需的球數。」

問題的答案

數列 1,3,6,10,15,21,28,…是三角形數。

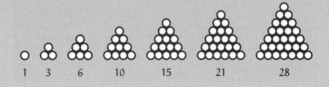

| 1 | 3 | 6 | 10 | 15 | 21 | 28 |

蒂蒂：「啊！我看過這個！」

我：「下一個問題。妳認為數列 1,4,10,20,35,56,…是什麼樣的
　　數列？」

問題

數列（1,4,10,20,35,56,…）是什麼樣的數列？

```
                    1
                  1   1
                1   2   1
              1   3   3   1
            1   4   6   4   1
          1   5  10  10   5   1
        1   6  15  20  15   6   1
      1   7  21  35  35  21   7   1
    1   8  28  56  70  56  28   8   1
```

蒂蒂:「我連三角形數都沒有想出來,怎麼會知道……」

我:「不對,不是要『想出來』,而是要思考。蒂蒂有學過檢視數列的『武器』呀。」

蒂蒂:「武器?」

我:「就是**階差數列**。以數列 $\langle a_n \rangle$ 為例,計算 $a_{n+1} - a_n$ 求階差數列,即可──」

蒂蒂:「只要計算數列 $1, 4, 10, 20, 35, 56, \cdots$ 的階差數列,就行了。我瞭解!我馬上做!」

我:「等一下,蒂蒂!為什麼要計算呢?」

蒂蒂:「因為要求階差數列啊,要先做減法。」

我:「明明巴斯卡三角形就在妳面前啊!」

蒂蒂:「咦?」

我:「請妳回想一下巴斯卡三角形的定義。」

蒂蒂:「相鄰兩數相加產生下面的數。」

我:「沒錯,所以這個數列的右邊就是階差數列,不必特別計算!」

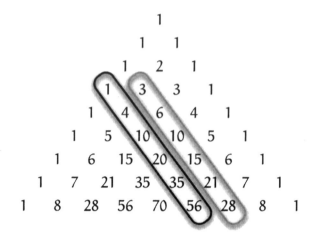

數列的右邊就是階差數列

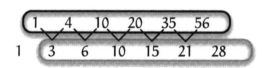

蒂蒂:「啊,我的應變能力真差……明明知道巴斯卡三角形的
　　　定義,卻沒有注意到階差數列。」

我　:「蒂蒂以前有寫過巴斯卡三角形嗎?」

蒂蒂:「有,上課的時候寫過一次。」

我　:「我寫過好幾次巴斯卡三角形,自己動手寫可以發現很多
　　　秘密喔。右邊的階差數列就是我動手寫時發現的。」

蒂蒂：「這樣啊……咦？話說回來，雖然我們找到了階差數列，但問題的答案還沒有出來耶。」

我：「數列 1,4,10,20,35,56,…的階差數列是 3,6,10,15,21,28,…這是從 3 開始的三角形數。嗯，這真是有趣的問題，真有趣……」

蒂蒂：「學長，獨樂樂不如眾樂樂！」

我：「首先，三角形數的階差數列為 2,3,4,5,6,7,…剛好是三角形底邊的球數。也就是說，三角形數是加上『逐漸增長底邊』所形成的數列。」

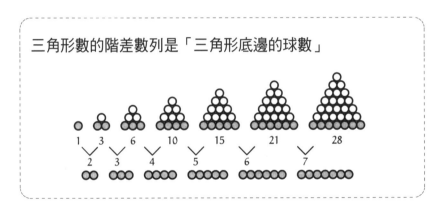

三角形數的階差數列是「三角形底邊的球數」

蒂蒂：「是，因為底邊的球數漸漸地增加。」

我：「同理可知，數列 1,4,11,20,35,56,…是把『逐漸變大的三角形』相加所形成的數列。」

蒂蒂：「把『逐漸變大的三角形』相加？」

我：「這樣會變成**三角錐**喔！三角形數 3,6,10,15,21,28,…是三角錐底面的球數。也就是說，剛才的數列 1,4,10,20,35,56,…是**三角錐數**！」

蒂蒂：「三角錐數！」

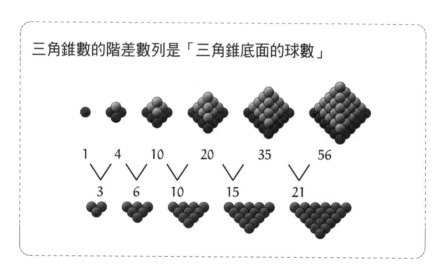

三角錐數的階差數列是「三角錐底面的球數」

1　　　4　　　10　　　20　　　35　　　56

3　　　6　　　10　　　15　　　21

我：「圓球堆積成三角錐的數，就是三角錐數。這個數列也藏在巴斯卡三角形當中。」

問題的答案
數列 1,4,10,20,35,56,⋯是三角錐數。

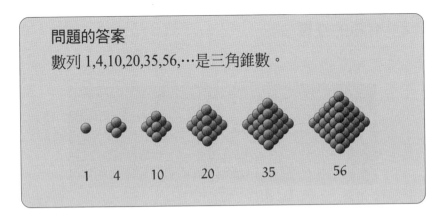

蒂蒂：「原來如此！啊！不行，學長！這是我從村木老師那裡
　　　拿來的問題卡片，不能由學長一直發現有趣的秘密啊！」

我：「沒關係，蒂蒂。巴斯卡三角形的秘密要多少有多少。我
　　們這次來觀察水平的數字──考慮巴斯卡三角形的
　　『行』。」

蒂蒂：「好！我也來發現有趣的性質吧！」

3.2　有趣的性質

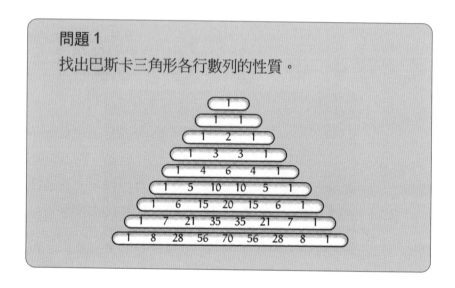

> **問題 1**
>
> 找出巴斯卡三角形各行數列的性質。

蒂蒂:「學長我發現了,各行為**左右對稱**!你看 1,3,3,1、1,4,6,4,1……」

我:「不錯。這是巴斯卡三角形的重要性質。」

蒂蒂:「剛才學長是用數列來討論,但我不是看數列,而是去計算它,把同行的數字相加!」

我:「嗯哼。」

蒂蒂：「相加後，發生了神奇的事，出現數列 1,2,4,8,16,…不管哪一行的和都是 2 的次方，$1 = 2^0, 2 = 2^1, 4 = 2^2, 8 = 2^3, 16 = 2^4$……」

解答 1（其中一例）

巴斯卡三角形各行的數字和為 2 的次方。

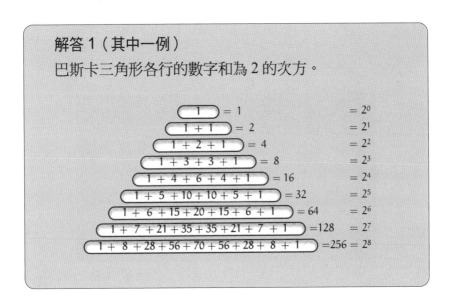

我：「不錯！我們來證明蒂蒂的發現吧。」

蒂蒂：「證明？」

> **問題 2**
>
> 令巴斯卡三角形中，由上面數來第 n 行（$n = 1,2,3\cdots$）的數字和為 a_n，試證明下面等式成立：
>
> $$a_n = 2^{n-1}$$

蒂蒂：「咦？a_n 是 2^{n-1} 嗎？不是 2^n 嗎？」

我：「不是喔。妳想一下當 $n = 1$，第 1 行的和為 1。若 $a_n = 2^n$，會變成 $a_1 = 2^1 = 2$。但我們想要的是 $a_1 = 2^0 = 1$，所以 a_n 不是 2^n，而是 $a_n = 2^{n-1}$。」

蒂蒂：「哎呀！沒錯……」

我：「這個問題可由巴斯卡三角形的定義來理解。定義是……」

蒂蒂：「相鄰兩數相加產生下面的數。」

我：「對，現在倒過來思考，討論某數產生下一行的數時，被使用了幾次。」

蒂蒂：「被使用了──幾次？」

我：「沒錯。巴斯卡三角形中出現的數字，一定會在『產生左下方數字時』和『產生右下方數字時』，被使用兩次。」

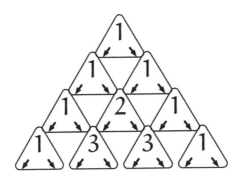

每個數都會被使用兩次

蒂蒂:「哈哈……好像是這樣耶。」

我:「因為每個數皆使用了兩次,所以某行數字和的『兩倍』是下一行的數字和。」

蒂蒂:「真的!剛好是兩倍!」

我:「以 a_n 表示巴斯卡三角形『第 n 行的和』。設 $a_1 = 1$,第 $k+1$ 行為第 k 行的兩倍,$a_{k+1} = 2a_k$ 成立,形成下列的**遞迴關係式**。」

遞迴關係式

令巴斯卡三角形的「第 n 行的和」為 a_n,此時下列遞迴關係式成立。

$$\begin{cases} a_1 = 1 \\ a_{k+1} = 2a_k \end{cases} \quad (k = 1, 2, 3, \ldots)$$

蒂蒂:「原來如此!」

我:「利用這個遞迴關係式,我們可將 a_n 的下標 n 遞減 1。」

$$
\begin{aligned}
a_n &= 2a_{n-1} & &\text{由遞迴關係式得知 } a_n = 2a_{n-1} \\
&= 2 \cdot 2a_{n-2} & &\text{由遞迴關係式得知 } a_{n-1} = 2a_{n-2} \\
&= 2 \cdot 2 \cdot 2a_{n-3} & &\text{由遞迴關係式得知 } a_{n-2} = 2a_{n-3} \\
&= \cdots & &\text{不斷反覆} \\
&= \underbrace{2 \cdot 2 \cdot \cdots \cdot 2}_{k \text{ 個 2 的積}} a_{n-k} & &\text{反覆 } k \text{ 次} \\
&= \cdots & &\text{繼續反覆} \\
&= \underbrace{2 \cdot 2 \cdot \cdots \cdot 2}_{n-1 \text{ 個 2 的積}} a_{n-(n-1)} & &\text{反覆 } n-1 \text{ 次} \\
&= 2^{n-1} a_1 & &\text{因為 } n-(n-1) = 1 \\
&= 2^{n-1} & &\text{因為 } a_1 = 1
\end{aligned}
$$

蒂蒂:「所以,最後推導出 $a_n = 2^{n-1}$!」

解答 2

巴斯卡三角形第 1 行的和為 1，$a_1 = 1$。第 $k+1$ 行的數字和是第 k 行數字和的兩倍，$a_{k+1} = 2a_k$。也就是說，下面的遞迴關係式成立：

$$\begin{cases} a_1 = 1 \\ a_{k+1} = 2a_k \qquad (k = 1, 2, 3, \ldots) \end{cases}$$

解開聯立方程式求得：

$$a_n = 2^{n-1} \qquad (n = 1, 2, 3, \ldots)$$

3.3 組合數

我：「對了，蒂蒂會展開 $(x+y)^2$ 嗎？」

蒂蒂：「嗯，我會展開啊。」

$$(x + y)^2 = x^2 + 2xy + y^2$$

我：「那麼，$(x+y)^3$ 呢？」

蒂蒂：「這樣呀。」

$$(x + y)^3 = x^3 + 3x^2y + 3xy^2 + y^3$$

我：「沒錯，而四次方的展開是這樣……」

$$(x + y)^4 = x^4 + 4x^3y + 6x^2y^2 + 4xy^3 + y^4$$

蒂蒂：「嗯……這麼高的次方，我就記不太住了……」

我：「明明巴斯卡三角形就在妳面前啊。」

蒂蒂：「咦？」

我：「展開 $(x+y)^n$ 的係數就是巴斯卡三角形出現的數字，亦即『從 n 個項中取出 k 個項的組合數』喔。」

$$(x + y)^0 = \qquad\qquad\qquad 1_{x^0y^0}$$

$$(x + y)^1 = \qquad\qquad 1_{x^1y^0} \quad + \quad 1_{x^0y^1}$$

$$(x + y)^2 = \qquad 1_{x^2y^0} \quad + \quad 2_{x^1y^1} \quad + \quad 1_{x^0y^2}$$

$$(x + y)^3 = \quad 1_{x^3y^0} \quad + \quad 3_{x^2y^1} \quad + \quad 3_{x^1y^2} \quad + \quad 1_{x^0y^3}$$

$$(x + y)^4 = 1_{x^4y^0} \quad + \quad 4_{x^3y^1} \quad + \quad 6_{x^2y^2} \quad + \quad 4_{x^1y^3} \quad + \quad 1_{x^0y^4}$$

$(x+y)^n$ 的展開與巴斯卡三角形

蒂蒂：「啊……我還依稀記得展開 $(x+y)^n$ 會出現巴斯卡三角形，但我沒有辦法像學長一樣，輕鬆想出來……」

我：「我也不是一開始就能輕鬆想出來啊。」

蒂蒂：「咦？是這樣嗎？」

我：「是的，第一次在書上讀到『$(x+y)^n$ 的展開與巴斯卡三角形』時，我也不是一次就記起來。我是自己動手寫在紙上，才覺得『嘿，真的是這樣』。接著，我試著多方思考，發現巴斯卡三角形還可以『玩』很多東西。」

蒂蒂：「玩？」

我：「對。自己動手寫下巴斯卡三角形計數下降的路線，自由地玩。這樣一來，不久就會習慣了。」

蒂蒂：「『計數下降的路線』是什麼？」

3.4 計數下降的路線

我：「在巴斯卡三角形上，從最上面的 1 開始，往斜下方的數字走。此時，令往左下移動為 L，往右下移動為 R。」

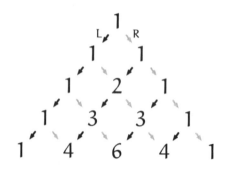

在巴斯卡三角形中，下降移動

蒂蒂：「L 是 Left（左）；R 是 Right（右）啊！」

我：「對。這時會發生有趣的事情喔！巴斯卡三角形中的數字，剛好是『下降到該數的路線數』。例如，下降到 6 的路線有六種，如下頁圖所示。」

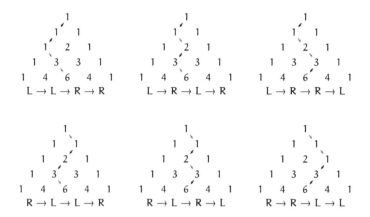

下降到 6 的路線數有六種

蒂蒂:「真的耶……」

我:「這六種路線相當於『選擇 L 或 R』的四次選擇中,L 選擇兩次所可能出現的路線數量。『四次中選擇兩次 L 的可能路線數』等於『4 選 2 的組合數』,也就是 $_4C_2$。數學書籍大多寫成 $\binom{4}{2}$。」

「下降到 6 的路線數」=「4 次中選 2 次 L 的可能路線數」

$\qquad\qquad\qquad$ =「4 選 2 的組合數」

$\qquad\qquad\qquad$ $= {}_4C_2$

$\qquad\qquad\qquad$ $= \begin{pmatrix} 4 \\ 2 \end{pmatrix}$

$\qquad\qquad\qquad$ $= \dfrac{4 \cdot 3}{2 \cdot 1}$

$\qquad\qquad\qquad$ $= 6$

組合數

$$
\begin{aligned}
{}_nC_k &= \begin{pmatrix} n \\ k \end{pmatrix} \\
&= \frac{n(n-1)(n-2)\cdots(n-k+1)}{k(k-1)(k-2)\cdots 1} \\
&= \frac{n!}{(n-k)!k!}
\end{aligned}
$$

※ n, k 為整數，且 $n \geq k \geq 0$。定義 $0! = 1$。

蒂蒂：「這樣啊……」

我：「此外，這種四次『L 或 R』的選擇，和 $(L+R)^4$ 的展開剛好相同。」

蒂蒂：「咦？」

我：「展開 $(L+R)^4 = (L+R)(L+R)(L+R)(L+R)$，相當於四個括弧中，皆選擇 L 或 R 的其中一個。」

$$(Ⓛ + R)(Ⓛ + R)(Ⓛ + R)(Ⓛ + R) \;\to\; ⓁⓁⓁⓁ = Ⓛ^4Ⓡ^0$$

$$(Ⓛ + R)(Ⓛ + R)(Ⓛ + R)(L + Ⓡ) \;\to\; ⓁⓁⓁⓇ = Ⓛ^3Ⓡ^1$$

$$(Ⓛ + R)(Ⓛ + R)(L + Ⓡ)(Ⓛ + R) \;\to\; ⓁⓁⓇⓁ = Ⓛ^3Ⓡ^1$$

$$(Ⓛ + R)(Ⓛ + R)(L + Ⓡ)(L + Ⓡ) \;\to\; ⓁⓁⓇⓇ = Ⓛ^2Ⓡ^2$$

$$(Ⓛ + R)(L + Ⓡ)(Ⓛ + R)(Ⓛ + R) \;\to\; ⓁⓇⓁⓁ = Ⓛ^3Ⓡ^1$$

$$(Ⓛ + R)(L + Ⓡ)(Ⓛ + R)(L + Ⓡ) \;\to\; ⓁⓇⓁⓇ = Ⓛ^2Ⓡ^2$$

$$(Ⓛ + R)(L + Ⓡ)(L + Ⓡ)(Ⓛ + R) \;\to\; ⓁⓇⓇⓁ = Ⓛ^2Ⓡ^2$$

$$(Ⓛ + R)(L + Ⓡ)(L + Ⓡ)(L + Ⓡ) \;\to\; ⓁⓇⓇⓇ = Ⓛ^1Ⓡ^3$$

$$(L + Ⓡ)(Ⓛ + R)(Ⓛ + R)(Ⓛ + R) \;\to\; ⓇⓁⓁⓁ = Ⓛ^3Ⓡ^1$$

$$(L + Ⓡ)(Ⓛ + R)(Ⓛ + R)(L + Ⓡ) \;\to\; ⓇⓁⓁⓇ = Ⓛ^2Ⓡ^2$$

$$(L + Ⓡ)(Ⓛ + R)(L + Ⓡ)(Ⓛ + R) \;\to\; ⓇⓁⓇⓁ = Ⓛ^2Ⓡ^2$$

$$(L + Ⓡ)(Ⓛ + R)(L + Ⓡ)(L + Ⓡ) \;\to\; ⓇⓁⓇⓇ = Ⓛ^1Ⓡ^3$$

$$(L + Ⓡ)(L + Ⓡ)(Ⓛ + R)(Ⓛ + R) \;\to\; ⓇⓇⓁⓁ = Ⓛ^2Ⓡ^2$$

$$(L + Ⓡ)(L + Ⓡ)(Ⓛ + R)(L + Ⓡ) \;\to\; ⓇⓇⓁⓇ = Ⓛ^1Ⓡ^3$$

$$(L + Ⓡ)(L + Ⓡ)(L + Ⓡ)(Ⓛ + R) \;\to\; ⓇⓇⓇⓁ = Ⓛ^1Ⓡ^3$$

$$(L + Ⓡ)(L + Ⓡ)(L + Ⓡ)(L + Ⓡ) \;\to\; ⓇⓇⓇⓇ = Ⓛ^0Ⓡ^4$$

蒂蒂：「原來如此……將這些全部加起來就是此式子的展開。」

我：「沒錯。由計算可得：

- $\textcircled{L}^4\textcircled{R}^0$ 有 1 個
- $\textcircled{L}^3\textcircled{R}^1$ 有 4 個
- $\textcircled{L}^2\textcircled{R}^2$ 有 6 個
- $\textcircled{L}^1\textcircled{R}^3$ 有 4 個
- $\textcircled{L}^0\textcircled{R}^4$ 有 1 個

剛好是展開 $(x+y)^4$ 的係數 1,4,6,4,1。」

$$\textcircled{L}^4\textcircled{R}^0 + \textcircled{L}^3\textcircled{R}^1 + \textcircled{L}^3\textcircled{R}^1 + \textcircled{L}^2\textcircled{R}^2$$
$$+ \textcircled{L}^3\textcircled{R}^1 + \textcircled{L}^2\textcircled{R}^2 + \textcircled{L}^2\textcircled{R}^2 + \textcircled{L}^1\textcircled{R}^3$$
$$+ \textcircled{L}^3\textcircled{R}^1 + \textcircled{L}^2\textcircled{R}^2 + \textcircled{L}^2\textcircled{R}^2 + \textcircled{L}^1\textcircled{R}^3$$
$$+ \textcircled{L}^2\textcircled{R}^2 + \textcircled{L}^1\textcircled{R}^3 + \textcircled{L}^1\textcircled{R}^3 + \textcircled{L}^0\textcircled{R}^4$$
$$= \mathbf{1}\textcircled{L}^4\textcircled{R}^0 + \mathbf{4}\textcircled{L}^3\textcircled{R}^1 + \mathbf{6}\textcircled{L}^2\textcircled{R}^2 + \mathbf{4}\textcircled{L}^1\textcircled{R}^3 + \mathbf{1}\textcircled{L}^0\textcircled{R}^4$$

我：「我們將 $x=y=1$ 代入 $(x+y)^n$，也就是展開 $(1+1)^n$，只留下係數，剛好就是巴斯卡三角形各行數字和的公式！」

$$(1+1)^0 = \quad \mathbf{1} \quad = 2^0$$

$$(1+1)^1 = \quad \mathbf{1} + \mathbf{1} \quad = 2^1$$

$$(1+1)^2 = \quad \mathbf{1} + \mathbf{2} + \mathbf{1} \quad = 2^2$$

$$(1+1)^3 = \quad \mathbf{1} + \mathbf{3} + \mathbf{3} + \mathbf{1} \quad = 2^3$$

$$(1+1)^4 = \mathbf{1} + \mathbf{4} + \mathbf{6} + \mathbf{4} + \mathbf{1} = 2^4$$

$(1+1)^n$ 的展開與巴斯卡三角形

蒂蒂:「原來如此!這樣也能夠證明,巴斯卡三角形各行數字和是 2 的次方。」

我:「沒錯。剛才問的問題(p.76)是以解開遞迴關係式的方式來解答,但也可以展開 $(1+1)^n$ 來證明。」

蒂蒂:「巴斯卡三角形真是好玩!路線數、組合數、展開公式、2 的次方……」

3.5 二項式定理

我:「蒂蒂,剛才說明計數下降的路線時,我們討論了這個公式……

$$(x+y)^4 = 1x^4y^0 + 4x^3y^1 + 6x^2y^2 + 4x^1y^3 + 1x^0y^4$$

它的係數是 1,4,6,4,1。」

蒂蒂:「對。」

我：「此係數就是『4 選 k 的組合數』。」

$$
\begin{aligned}
(x+y)^4 = {}& 1x^4 y^0 \quad && \text{1 是「4 選 0 的組合數」} \\
+{}& 4x^3 y^1 \quad && \text{4 是「4 選 1 的組合數」} \\
+{}& 6x^2 y^2 \quad && \text{6 是「4 選 2 的組合數」} \\
+{}& 4x^1 y^3 \quad && \text{4 是「4 選 3 的組合數」} \\
+{}& 1x^0 y^4 \quad && \text{1 是「4 選 4 的組合數」}
\end{aligned}
$$

蒂蒂：「我知道了。」

我：「$k = 0,1,2,3,4$，『4 選 k 的組合數』寫成 $\binom{4}{k}$。」

$$
\begin{aligned}
(x+y)^4 = {}& \binom{4}{0} x^4 y^0 \\
+{}& \binom{4}{1} x^3 y^1 \\
+{}& \binom{4}{2} x^2 y^2 \\
+{}& \binom{4}{3} x^1 y^3 \\
+{}& \binom{4}{4} x^0 y^4
\end{aligned}
$$

蒂蒂：「有點複雜——但我還可以理解。」

我：「如果妳到這邊都能理解，那麼寫成一般式妳應該也可以理解。不是展開 $(x+y)^4$，而是展開 $(x+y)^n$；不是四次方，而是 n 次方。展開後，我們即可得到二項式定理。」

二項式定理

$$(x+y)^n = \binom{n}{0} x^{n-0} y^0$$

$$+ \binom{n}{1} x^{n-1} y^1$$

$$+ \binom{n}{2} x^{n-2} y^2$$

$$+ \cdots$$

$$+ \binom{n}{k} x^{n-k} y^k$$

$$+ \cdots$$

$$+ \binom{n}{n-2} x^2 y^{n-2}$$

$$+ \binom{n}{n-1} x^1 y^{n-1}$$

$$+ \binom{n}{n-0} x^0 y^{n-0}$$

蒂蒂:「哇!這……很難耶。」

我:「從各項的指數開始看,觀察 x 和 y 的指數變化,妳就不會覺得難了。」

- x 的指數變化為 $n-0, n-1, n-2 \cdots\cdots 2, 1, 0$。
- y 的指數變化為 $0, 1, 2 \cdots\cdots n-2, n-1, n-0$。

蒂蒂：「嗯嗯……兩者的指數順序相反了。」

我：「沒錯。而且，x 的指數和 y 的指數相加等於 n。」

3.6　微分

我：「二項式定理能夠用於微分 x^n。」

蒂蒂：「x^n 做微分……會是 nx^{n-1} 嗎？」
　　　蒂蒂翻開《秘密筆記》。

我：「咦？妳已經學到微分了？」

蒂蒂：「老師在課堂上有稍微講到，我只是把內容抄下來。」

> 微分的筆記（蒂蒂的筆記）
> x^n 的微分為 nx^{n-1}

我：「嗯，妳寫的是對的，但說明得不夠詳細。」

蒂蒂：「我……只是抄下來，根本不瞭解意思。」

我：「那麼，我說明一下吧。補充蒂蒂的筆記，會變成這樣
　　　……」

微分的筆記（蒂蒂的筆記加上補充說明）

x 的函數如下所示（$n = 1,2,3,\cdots$）：

$$x^n$$

函數 x^n 對 x 微分，可得導函數：

$$nx^{n-1}$$

不過，x^0 的值為 1。

蒂蒂：「不是只寫成 x^n，而是寫成『x^n 是 x 的函數』嗎？」

我：「沒錯，若是清楚知道自己在做什麼，可以只記得『x^n 的微分是 nx^{n-1}』。此外，導函數是指某函數微分所得的函數。」

蒂蒂：「好，謝謝你的說明——學長，能夠寫下 $n = 1,2,3,\cdots$ 的情況嗎？『若出現 n，即代入小一點的數討論』！」

我：「好主意！」

- x^1 對 x 微分為 $1x^0$（也就是 1）。
- x^2 對 x 微分為 $2x^1$（也就是 $2x$）。
- x^3 對 x 微分為 $3x^2$。
- ……
- x^n 對 x 微分為 nx^{n-1}。

蒂蒂：「學長，實際寫出 n，我發現了一件事。x^n 的微分就是『將 n 往下移，再減 1』。」

我：「沒錯。x^n 對 x 微分，就是將指數的 n 往下移動變為係數，指數 n 的部分變為 $n-1$。因此，我們從 x^n 得到了 nx^{n-1}，我們可以將這背為『x^n 微分的方法』。」

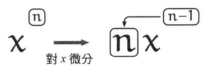

蒂蒂：「對，但是……微分到底是什麼呢？老師只給我們看一下 nx^{n-1} 的式子，沒有特別說明。」

我：「這樣啊。用一句話來說明微分，就是求『瞬間的變化率』——咦？」

蒂蒂：「瞬間的變化率嗎……怎麼了，學長？」

我：「沒事，只是想到我最近對由梨說過類似的話。」

蒂蒂：「由梨！她不是國中生嗎？已經在學微分了？」

我：「沒有，我只說位置、速度等簡單的概念。」

3.7　速度與微分

我向蒂蒂大致說明了前幾天的情況。

當時刻 t 的位置為 t^2，

時刻 t 的瞬時速度為 $2t$。

t^2 對 t 微分得 $2t$。

蒂蒂：「由梨真厲害！」

我：「時刻 t 的位置為 t^2，這是很簡單的例子。」

蒂蒂：「但她還是很厲害！」

我：「『t^2 對 t 微分得 $2t$』是『x^n 對 x 微分得 nx^{n-1}』的例子喔。」

蒂蒂：「咦？」

我：「妳試著將 x 用 t 替換，代入 $n=2$。」

- x^n 對 x 微分得 nx^{n-1}。
- t^n 對 t 微分得 nt^{n-1}（將 x 換成 t）。
- t^2 對 t 微分得 $2t$（代入 $n=2$）。

蒂蒂：「原來如此。」

我：「我剛才說 x^n 對 x 微分得 nx^{n-1}。」

蒂蒂：「對，『將 n 往下移，再減 1』。」

我：「這只是形式變換的記憶法。使用二項式定理，妳就能夠計算 x^n 對 x 的微分喔。」

蒂蒂：「咦！你突然這麼說，我……」

我：「妳沒問題的。改變成問題的形式，即像這個樣子……」

問題

函數 x^n 對 x 微分的導函數為何？

蒂蒂：「那個……答案是 nx^{n-1} 嗎？」

我：「沒錯。這不是用**死背**而得的答案，而是用**計算推導**的。此計算的想法和速度公式相同。」

蒂蒂：「和速度公式相同……」

我：「速度是『位置的變化』除以『時間的變化』吧？」

蒂蒂：「對。」

我：「同樣地，這次是『x^n 的變化』除以『x 的變化』，討論從 x 變化到 $x+h$ 的情況。也就是求 x 變化到 $x+h$ 的『x^n 的平均變化率』。」

求 x 變化到 $x+h$ 的「x^n 的平均變化率」

$$x^n \text{ 的平均變化率} = \frac{x^n \text{的變化}}{x \text{的變化}}$$

$$= \frac{\text{變化後 } x^n \text{ 的值} - \text{變化前 } x^n \text{ 的值}}{\text{變化後 } x \text{ 的值} - \text{變化前 } x \text{ 的值}}$$

$$= \frac{(x+h)^n - (x)^n}{(x+h) - (x)}$$

蒂蒂：「只要用這個公式計算就好了嗎？」

我：「沒錯。」

$$x^n \text{ 的平均變化率} = \frac{(x+h)^n - x^n}{(x+h) - (x)}$$

$$= \frac{(x+h)^n - x^n}{h} \qquad \text{整理分母}$$

$$= \frac{1}{h}\{(x+h)^n - x^n\}$$

蒂蒂：「這邊要展開 $(x+h)^n$，那個⋯⋯」

我：「$(x+h)^n$ 的展開可以使用二項式定理。」

蒂蒂埋頭展開式子。

$$\frac{1}{h}\left\{(x+h)^n - x^n\right\}$$

$$= \frac{1}{h}\left\{\underbrace{\binom{n}{0}x^n h^0 + \binom{n}{1}x^{n-1}h^1 + \binom{n}{2}x^{n-2}h^2 + \cdots + \binom{n}{n}x^0 h^n}_{\text{使用二項式定理展開 }(x+h)^n\text{。}} - x^n\right\}$$

$$= \frac{1}{h}\left\{\cancel{x^n} + \binom{n}{1}x^{n-1}h + \binom{n}{2}x^{n-2}h^2 + \cdots + \binom{n}{n}h^n - \cancel{x^n}\right\}$$

$$= \frac{1}{h}\left\{\binom{n}{1}x^{n-1}h + \binom{n}{2}x^{n-2}h^2 + \cdots + \binom{n}{n}h^n\right\} \qquad \text{消去 } x^n$$

$$= \binom{n}{1}x^{n-1} + \binom{n}{2}x^{n-2}h^1 + \cdots + \binom{n}{n}h^{n-1} \qquad \text{除以 } h$$

蒂蒂：「接下來要計算組合數吧⋯⋯」

我：「等一下，妳再好好看一次最後的式子。」

$$\binom{n}{1}x^{n-1} + \binom{n}{2}x^{n-2}h^1 + \cdots + \binom{n}{n}h^{n-1}$$

蒂蒂：「好。」

我：「仔細觀察用 + 連結的各項⋯⋯妳有看出項分成兩種——乘上 h 和未乘上 h 的嗎？」

蒂蒂：「有，我看出來了，只有第一項沒有 h。」

$$\binom{n}{1}x^{n-1} + \underbrace{\binom{n}{2}x^{n-2}h^1 + \cdots + \binom{n}{n}h^{n-1}}_{\text{全部乘上 } h}$$

我：「所以，式子可以寫成這樣⋯⋯」

$$x^n \text{ 的平均變化率} = \binom{n}{1} x^{n-1} + \text{乘上 } h \text{ 的式子}$$

蒂蒂:「……是。」

我:「話說回來,$\binom{n}{1}$ 是什麼?」

蒂蒂:「這是從 n 個項中選出 1 個的組合數,$\binom{n}{1} = n$。」

$$x^n \text{ 的平均變化率} = nx^{n-1} + \text{乘上 } h \text{ 的式子}$$

我:「沒錯。我們想求的是『瞬間的變化率』,在這個式子中,使 h 非常非常接近 0。這樣一來,『乘上 h 的式子』也會非常非常接近 0。推導這個極限,可以得到我們熟悉的式子—— nx^{n-1}。這就是導函數。」

解答

x 的函數 x^n 對 x 微分的導函數為:

$$nx^{n-1}$$

蒂蒂:「我總覺得……這好奇特,像是混合了很簡單的問題和很困難的問題。」

我:「怎麼說?」

蒂蒂:「我先前認為微分是非常困難的概念,但轉換成相對於位置的速度,我就覺得很容易。」

我：「嗯嗯。」

蒂蒂：「雖然『x^n 的平均變化率』很簡單，但實際計算 x^n 時，若沒有二項式定理，肯定會複雜到無法做出來。」

我：「沒錯，蒂蒂剛才動手計算的『x^n 對 x 微分』，省略了『使 h 非常非常接近 0』的極限概念。」

蒂蒂：「學長……我稍微瞭解了微分 x^n 的概念，但我好像還沒有瞭解基本概念。我們到底為什麼要討論微分呢？」

我：「微分是為了**捕捉變化**。」

蒂蒂：「捕捉……變化？」

我：「舉例來說，為什麼要討論速度呢？因為我們想捕捉相對於『時間變化』的『位置變化』。雖然物體現在在這個位置，但經過一段時間變化後，位置也會改變。那麼，到底改變了多少呢？這就是速度。」

蒂蒂：「哈哈……」

我：「接著，我們再一般化地討論速度。當我們認識了 x 的函數 $f(x)$，我們會想瞭解相對於『x 的變化』，『$f(x)$ 的變化』是什麼。」

蒂蒂：「對。」

我：「x 從 1 變化到 $1+h$ 的『$f(x)$ 的平均變化率』，以及 x 從 2 變化到 $2+h$ 的『$f(x)$ 的平均變化率』，兩者不一定會相等。若根據 x 的值決定『$f(x)$ 的平均變化率』，『$f(x)$ 的平均變化』可看作 x 的函數。一個 x 值僅對應一個 $f(x)$ 值，這就是函數。」

蒂蒂：「可以看作函數呀……」

我：「當表示 x 變化的 h 逼近 0（極限的概念），『$f(x)$ 的平均變化』會是如何？這就是 $f(x)$ 的『瞬間的變化率』，亦即 $f(x)$ 的導函數 $f'(x)$。就像剛才蒂蒂利用二項式定理，由函數 $f(x) = x^n$ 推算出導函數 $f'(x) = nx^{n-1}$，即可由 nx^{n-1} 得知，x 變化時，nx^{n-1} 會如何變化。」

蒂蒂：「這就是『捕捉變化』嗎？」

我：「沒錯。由微分函數得到的導函數，可使我們知道函數變化的情形，這就是微分重要的原因。」

蒂蒂：「捕捉變化——我有點懂了……啊，我還有一個問題，導函數也是函數嗎？」

我：「是的。微分某函數所得的函數，稱為原函數的導函數，所以導函數也是函數。微分就是從一個函數做出另一個函數。」

蒂蒂：「從一個函數做出另一個函數⋯⋯」

瑞谷老師：「放學時間到了。」

「發現規則，就是要發現『共同點』。」

第 3 章的問題

●問題 3-1（巴斯卡三角形）

請寫出巴斯卡三角形。

（答案在 p.207）

●問題 3-2（函數 x^4 的微分）

試求函數 x^4 對 x 微分的導函數。

（請計算 x 僅變化 h 時的「x^4 的平均變化率」，描述 h 逼近 0 的情形。）

（答案在 p.208）

●問題 3-3（速度與位置）

點在直線上運動，速度為時間 t 的函數 $4t^3$。此時，我們可說點的位置為時刻 t 的函數 t^4 嗎？

（答案在 p.210）

第 4 章

位置、速度、加速度

「若說速度由位置而生，那麼速度可產生什麼？」

4.1 我的房間

由梨：「哥哥，微分是什麼？」

我：「咦？微分，我之前不是說過了嗎？」

由梨：「這次我想學微分的微分！」

我：「微分的微分？妳又和男朋友比賽了吧！」

由梨：「你不要管那麼多，快點教我啦。」

我：「由梨已經大致瞭解微分是什麼了，妳很快就能理解什麼
是『微分的微分』。簡單來說就是，微分後再做一次微
分。」

由梨：「只有這樣？」

我：「簡單來說啦。」

由梨：「我知道了，謝謝，就這樣吧。」

我：「等等！等一下！」

由梨:「怎麼了?」

我:「妳真的瞭解嗎……前陣子我教妳『位置』和『速度』的微分,也就是將位置轉換成時刻的函數,位置再對時刻微分,就可得到速度。」

由梨:「嗯,經計算可畫出關係圖。」

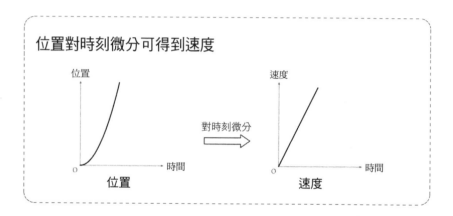

我:「現在,我們讓速度對時刻微分,即能得到加速度。」

由梨:「加速度?」

我:「沒錯。」

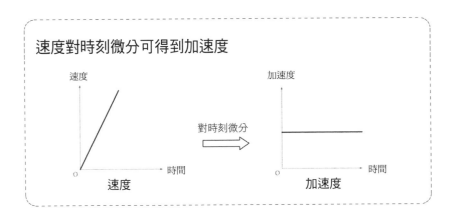

我：「也就是說，『位置』微分可得到『速度』，『速度』再
　　微分可得到『加速度』。」

由梨：「嗯——」

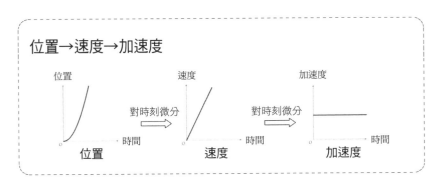

4.2　加速度

我：「搭乘汽車可感受到加速度。」

由梨：「你是說，出發時向後的拉力？」

我：「對，那就是加速度造成的。」

由梨：「車子停下來，緊急踩煞車的往前衝力也是！」

我：「沒錯，那也是加速度。什麼嘛，妳很清楚啊！」

由梨：「嘿嘿。」

我：「那麼，我來考由梨一個問題。日本新幹線明明是以很快的速度前進，為什麼我們感受不到一股向後的拉力呢？」

由梨：「咦？」

我：「新幹線比汽車還要快，但是為什麼我們不會感受到相應的加速度？」

由梨：「嗯……這是因為加速的幅度很小嗎？」

我：「沒錯。也就是『加速度小』，這樣講比較貼切。」

由梨：「嗯。」

我：「區別速度與加速度是非常重要的。車子出發時，速度很慢，加速度很大，速度在短時間內增加。」

由梨：「速度慢，但加速度大啊。」

我：「與此相對，新幹線行駛時的速度非常快，出發時的加速度則很小。」

由梨：「原來如此。新幹線的速度是慢慢增快的。」

我：「就是這樣！」

4.3　可感受到的是加速度

我：「我們感受不到速度，只能感受到加速度。」

由梨：「咦！我們感受不到速度？可是，騎腳踏車可以感受到風吹過。速度越快，風的阻力越大啊。」

我：「我說『感受不到速度』是指，我們無法直接感受到速度，但我們可以間接感受到速度，像風吹等。」

由梨：「……這樣啊。」

我：「搭乘汽車、新幹線、飛機等交通工具，不論速度有多快，只要速度沒有變化，我們就感受不到。但若速度發生變化，也就是加速度不為 0，我們便能感受到速度的變化。即便在交通工具內吹不到風，或是閉上眼即看不到外界，但只要速度一變化，我們就能感受到。我們感受到的不是速度，而是加速度。」

4.4　多項式的微分

由梨：「前陣子哥哥跟我講解過微分的計算吧！『t^2 對 t 微分得到 $2t$』的計算。」

我：「是的。」

由梨：「我向那傢伙——我跟朋友說這個觀念後，他問我知不知道『微分的微分』，他說 x^2 的『微分的微分』是 2。」

我：「你們是在比賽微分的計算嗎？明明只是國中生啊。」

由梨：「微分的計算能夠做得像他這麼快嗎？」

我：「x^2 這種多項式函數可以快速地微分喔。雖然從微分的定義來計算會很複雜，但只是單純地計算微分，對國中生來說一點都不困難。」

由梨：「咦——為什麼你前陣子沒教我！」

我：「我怎麼知道——基本上，微分的微分就是 x^n 的微分。x^n 對 x 微分的時候，**只要將指數 n 往下移到係數的地方，再將指數 n 改為 $n-1$**，即可得到函數 x^n 對 x 微分的函數 nx^{n-1}。」

$$x^n \xrightarrow{\quad \text{對} \, x \, \text{微分} \quad} nx^{n-1}$$

由梨:「哼──」

我:「對了,我和蒂蒂好像也講過類似的事情。」

由梨:「她有說『討人喜愛的由梨,明明只是國中生卻已經會微分了』嗎?」

我:「有、有,雖然她沒有說『討人喜愛』這個形容詞。」

由梨:「哼──」

我:「總而言之,只要會做 x^n 的微分,多項式函數的微分就能馬上做出來,像這樣子……」

$$1 \xrightarrow{\quad \text{對} \, x \, \text{微分} \quad} 0$$

$$x \xrightarrow{\quad \text{對} \, x \, \text{微分} \quad} 1$$

$$x^2 \xrightarrow{\quad \text{對} \, x \, \text{微分} \quad} 2x^{2-1} \qquad = 2x$$

$$x^3 \xrightarrow{\quad \text{對} \, x \, \text{微分} \quad} 3x^{3-1} \qquad = 3x^2$$

$$3x^5 \xrightarrow{\quad \text{對} \, x \, \text{微分} \quad} 3 \times 5x^{5-1} \quad = 15x^4$$

$$x^{100} \xrightarrow{\quad \text{對} \, x \, \text{微分} \quad} 100x^{100-1} \quad = 100x^{99}$$

$$t^2 \xrightarrow{\quad \text{對} \, t \, \text{微分} \quad} 2t^{2-1} \qquad = 2t$$

我：「常數（例如 1）微分後會變成 0，除此之外——」

由梨：「將指數往下移到係數，再將指數減 1。」

我：「沒錯，計算上只需這樣做。」

由梨：「任何情況都可以這樣微分嗎？」

我：「多項式的函數可以，只要將多項式的各項皆微分即可，因為『總和的微分就是各項的微分相加』。舉例來說，函數 $x^2 + 3x + 1$，對 x 微分後，可得導函數 $2x + 3$。」

總和的微分就是各項的微分相加

$$x^2 + 3x + 1 \xrightarrow{\text{對 } x \text{ 微分}} 2x + 3$$

$$x^2 \xrightarrow{\text{對 } x \text{ 微分}} 2x$$
$$3x \xrightarrow{\text{對 } x \text{ 微分}} 3$$
$$1 \xrightarrow{\text{對 } x \text{ 微分}} 0$$

由梨：「就這樣？」

我：「對。」

由梨：「導函數是什麼？」

我：「**導函數**是原函數微分所得的函數。」

由梨：「$2x + 3$ 是導函數？」

我：「沒錯，$2x + 3$ 是 $x^2 + 3x + 1$ 的導函數……話說回來，如同剛才所講的，多項式的微分很簡單。因此，若能將事物的變化表示成數學式，尤其是多項式，會非常棒呢。」

由梨：「我不曉得有什麼好棒的。」

我：「妳瞧，只需要『將指數往下移，再將指數減 1』，就能夠捕捉變化。例如，點在時刻 t 的位置為多項式函數 $f(t) = t^2 + 3t + 1$。」

由梨：「什麼意思？」

我：「t 為時刻，而 $f(t) = t^2 + 3t + 1$，因此知道時刻就能計算位置 $t^2 + 3t + 1$。」

由梨：「你是指『什麼時候，在哪裡』嗎？」

我：「沒錯，只要將位置的函數 $f(x)$ 對 t 微分，就能夠簡單算出速度的函數。$f(x)$ 的導函數是 $f'(x)$，所以表示成 $f'(t) = 2t + 3$。」

$$f(t) = t^2 + 3t + 1 \xrightarrow{\text{對 } t \text{ 微分}} f'(t) = 2t + 3$$

由梨：「……」

我：「接著，進一步將速度的函數 $f'(t)$ 對 t 微分，得到加速度的函數。微分的做法和剛才相同。」

由梨：「$2t + 3$ 對 t 微分得到 2。」

我：「沒錯。加速度的函數為 $f''(t) = 2$，即便時刻 t 變化了，加速度仍然為 2，這樣的情況表示加速度不變。」

$$f'(t) = 2t + 3 \xrightarrow{\text{對 } t \text{ 微分}} f''(t) = 2$$

由梨：「位置微分得到速度；速度微分得到加速度……」

我：「我來歌頌一位物理學者吧，妳知道**牛頓**吧？」

由梨：「知道，是由蘋果落下發現萬有引力的人。」

我：「妳也省略太多細節了吧。牛頓的確有被掉下來的蘋果砸到，但是突然想出萬有引力的插曲，是不是真的就不得而知了。總之，由**牛頓的運動定律**可知，『**產生加速度，表示物體有受力**』。」

由梨：「力？」

我：「牛頓的運動定律為──

$$力 = 質量 \times 加速度$$

力與加速度成正比。」

由梨：「我不太瞭解。」

我：「意思是說，記錄帶有**質量**的點（在物理學上稱為**質點**）每個時刻的位置。且將質點的位置對時刻做兩次微分，得到加速度。接著，由這個加速度可知質點受到多大的力，

以及在各個時刻，質點受到多少力的作用。」

由梨：「喔？」

我：「力分為很多種，包括重力、磁力、摩擦力……世界上有
各種力，但肉眼皆看不見。」

由梨：「要是看得見會很恐怖耶，哥哥。」

我：「我們的肉眼無法看出質點『受到什麼樣的力作用』，但
是移動的質點每個時刻在『什麼位置』，是肉眼可見，也
能記錄的。位置對時刻做兩次微分得到加速度，再由加速
度來計算受力，我們即可從肉眼可見的『位置』來求得肉
眼看不見的『力』。微分的計算就是扮演這麼重要的角
色。」

由梨：「喔——不錯耶，真是厲害。」

4.5 漸漸變成水平線？

我：「物理學家的歌頌就到這邊……欸，由梨，利用『x^n 對 x
微分得到 nx^{n-1}』還可以解決這樣的問題喔……」

> **問題 1**
> 令 n 為大於 1 的整數。
> 將 x 的函數 x^n 對 x 微分 n 次，結果會是如何？

由梨：「哥哥真的很喜歡玩文字遊戲耶！你是說微分 n 次嗎？」

我：「如果有 n 出現……」

由梨：「嗯？」

我：「『如果 n 出現，即從小的數開始討論』。」

由梨：「這樣啊，例如 $n = 1$ 的情況嗎？」

我：「沒錯。」

> **令 $n = 1$**
> 將 x 的函數 x^1 對 x 微分一次，結果會是如何？

由梨：「這個簡單，答案是 1 吧？」

我：「沒錯。」

$$x^1 \xrightarrow{\text{對 } x \text{ 微分}} 1$$

由梨：「接下來是 $n = 2$。」

令 $n = 2$
將 x 的函數 x^2 對 x 微分兩次，結果會是如何？

由梨：「這個前面做過了喔。x^2 微分即為 $2x^1$，再微分就會變為 2。」

$$x^2 \xrightarrow{\text{對 } x \text{ 微分}} 2x^1$$
$$2x^1 \xrightarrow{\text{對 } x \text{ 微分}} 2 \times 1 = 2$$

我：「沒錯，妳很清楚嘛。接下來是 $n = 3$。」

令 $n = 3$
將 x 的函數 x^3 對 x 微分三次，結果會是如何？

由梨：「感覺和前面的問題很類似，所以這次的答案是 3 吧？」

我：「妳不要嫌麻煩，動手算一下吧。」

由梨：「好啦。」

$$x^3 \xrightarrow{\text{對 } x \text{ 微分}} 3x^2$$
$$3x^2 \xrightarrow{\text{對 } x \text{ 微分}} 3 \times 2x^1$$
$$3 \times 2x^1 \xrightarrow{\text{對 } x \text{ 微分}} 3 \times 2 \times 1 = 6$$

我：「結果如何？」

由梨：「結果是 6！不是 3。」

我：「接下來是 $n = 4$。」

令 $n = 4$

將 x 的函數 x^4 對 x 微分四次，結果會是如何？

$$x^4 \xrightarrow{\text{對 } x \text{ 微分}} 4x^3$$

$$4x^3 \xrightarrow{\text{對 } x \text{ 微分}} 4 \times 3x^2$$

$$4 \times 3x^2 \xrightarrow{\text{對 } x \text{ 微分}} 4 \times 3 \times 2x^1$$

$$4 \times 3 \times 2x^1 \xrightarrow{\text{對 } x \text{ 微分}} 4 \times 3 \times 2 \times 1 = 24$$

由梨：「我知道了，答案是 24。」

我：「妳發現規則了嗎？」

由梨：「將 x^n 對 x 微分 n 次，x 會消失，變為常數。」

$$x^1 \xrightarrow{\text{對 } x \text{ 微分 } \boxed{1 \text{ 次}}} 1$$

$$x^2 \xrightarrow{\text{對 } x \text{ 微分 } \boxed{2 \text{ 次}}} 2 \times 1 = 2$$

$$x^3 \xrightarrow{\text{對 } x \text{ 微分 } \boxed{3 \text{ 次}}} 3 \times 2 \times 1 = 6$$

$$x^4 \xrightarrow{\text{對 } x \text{ 微分 } \boxed{4 \text{ 次}}} 4 \times 3 \times 2 \times 1 = 24$$

$$\vdots$$

我：「沒錯，那麼最後的常數是什麼？」

由梨：「n 逐漸減 1 的所有數，相乘起來就是常數。」

我：「這有個專有名詞……」

由梨：「階乘！常數是 n 的階乘！」

我：「對，沒錯。」

解答 1

令 n 為大於 1 的整數，

將 x 的函數 x^n 對 x 微分 n 次，結果會是 n 的階乘（$n!$）。

$$x^n \xrightarrow{\quad \text{對 } x \text{ 微分 } \boxed{n \text{ 次}} \quad} n \times (n-1) \times (n-2) \times \cdots \times 2 \times 1 = n!$$

由梨：「這真是有趣！哥哥，函數微分 n 次後，圖形會變成水平線，x 會消失！」

我：「多項式函數的確是如此，最後會變成與 x 不相關的常數，圖形呈現水平線。」

- 若為一次函數，微分一次後變為常數。
- 若為二次函數，微分兩次後變為常數。
- 若為三次函數，微分三次後變為常數。
- ……
- 若為 n 次函數，微分 n 次後變為常數。

由梨：「為什麼要刻意加入『多項式函數』這個條件呢？」

我：「因為有些函數微分多次後仍然無法變成常數。」

由梨：「咦？應該不會這樣吧！」

我：「妳說得真篤定啊，由梨。為什麼妳能斷言『不會這樣』呢？」

由梨：「你瞧，將 x^n 對 x 微分，結果是 nx^{n-1}。由此可知，每次微分，n 就會跟著變小，最後一定會變成常數啊。」

我：「所以我才加上『多項式函數』的條件啊。」

由梨：「啊！」

我：「多項式函數經過多次微分，最後一定會變為常數，這一點由梨說的對，但不是所有函數都是多項式。」

由梨：「嘿──」

我：「例如，三角函數。」

由梨：「例如 sin、cos 嗎？」

我：「對，我們前陣子一起討論了嘛*。$\sin x$ 的 x 函數可以對 x 微分好幾次，但是即使微分很多次也不會變成常數。$y=\sin x$ 的圖形會像這樣……」

---

* 參照《數學女孩秘密筆記：圓圓的三角函數篇》。

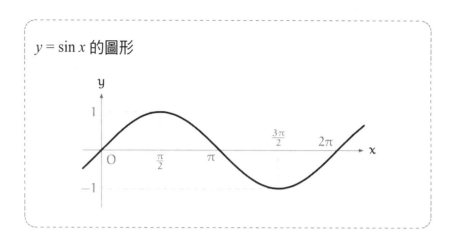

$y = \sin x$ 的圖形

由梨：「π——為什麼會出現圓周率？」

我：「啊，由梨還不懂弧度（Radian）嗎？」

由梨：「弧度？」

4.6　弧度

我：「弧度是角度的單位。計算三角函數的時候，角度的單位用弧度來表示會比較便利。」

由梨：「角度的單位不是度嗎？例如 180°、360°？」

我：「對。『度』和『弧度』都是角度的單位，180°相當於 π弧度。」

由梨：「π 弧度？」

我：「沒錯。π 弧度等於 3.14159265……弧度。」

$$180° = π \text{ 弧度}$$

由梨：「嘿——」

我：「180°的兩倍是 360°，所以 360°是 π 弧度的兩倍，等於 2π 弧度。」

$$360° = 2π \text{ 弧度}$$

由梨：「3.14……的角度感覺很不好用耶。」

我：「一般的計算不會直接使用圓周率 3.14……的弧度，而是用 π、2π 等來表示。」

由梨：「90°是多少弧度呢？」

我：「180°是 π 弧度，所以妳認為 90°是多少弧度呢？」

由梨：「一半。」

我：「沒錯。90°是 π 弧度的一半，所以是 $\frac{π}{2}$ 弧度。」

由梨：「哇！使用到分數了。」

我：「沒錯。依此類推，60°是 $\frac{π}{3}$ 弧度。」

由梨：「哇！好麻煩。」

我：「不會，妳馬上就會習慣了。比方說，正三角形的一個角是 60°，也可以說成 $\frac{π}{3}$ 弧度。」

由梨：「這樣啊。」

我：「以半徑為 1 的圓為例，中心角的**弧度**剛好等於弧長。」

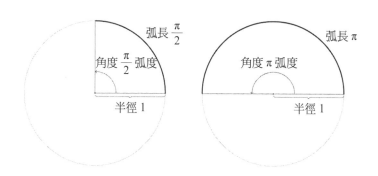

由梨：「喔──」

我：「完整轉一圈為 360°，據說這和巴比倫人認為一年有三百六十天有關。」

由梨：「嘿⋯⋯」

我：「而且 360 有很多正的因數，相當便利。」

由梨：「很多因數？」

我：「沒錯，360 可被許多整數整除，例如 1、2、3 等，360°為一圈亦對人類的生活提供了許多便利之處，可應用於時鐘等。」

由梨：「原來如此。」

我：「弧度是由圓的弧長來決定的，這是圓本身的定義，並不是以一年的天數為基準。」

由梨:「是嗎?」

我:「總之,這就是弧度,是一種角度單位。而 x 從 0 移動到 2π 弧度,$y = \sin x$ 的圖形會描繪出一個週期的波。」

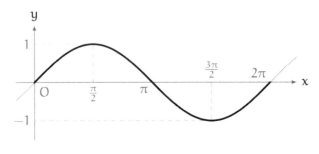

$\sin x$ 的一個週期

4.7 sin 的微分

我:「函數 $\sin x$ 對 x 微分,結果會是如何呢?」

由梨:「$\sin x$ …… n 沒有辦法往下移……這很困難嗎?」

我:「不會,不難喔。我們先討論 x 從 0 變化到 $\frac{\pi}{2}$ 的『平均變化率』,算式如下……」

試求 x 從 0 變化到 $\frac{\pi}{2}$，$\sin x$ 的平均變化率。

$$
\begin{aligned}
\text{平均變化率} &= \frac{\sin x \text{ 的變化}}{x \text{ 的變化}} \\
&= \frac{\sin \frac{\pi}{2} - \sin 0}{\frac{\pi}{2} - 0} \\
&= \frac{1 - 0}{\frac{\pi}{2} - 0} \\
&= \frac{1}{\frac{\pi}{2}} \\
&= \frac{2}{\pi} \\
&= \frac{2}{3.14159 \cdots} \\
&= 0.6366 \cdots
\end{aligned}
$$

由梨：「結果為……0.6366。」

我：「由圖形來討論這個『平均變化率』的意義，我們可以知道它相當於『直線的斜率』。x 增加 $\frac{\pi}{2}$，$\sin x$ 增加 1。」

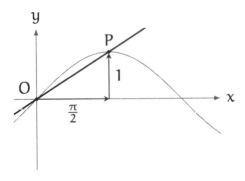

x 增加 $\frac{\pi}{2}$，$\sin x$ 增加 1

由梨：「嗯，這個點 P 是什麼？」

我：「接下來使 x 的變化逼近 0，並討論此時的『平均變化率』，也就是『直線的斜率』，會接近哪裡？點 P 會漸漸逼近點 O。」

由梨：「喔——」

我：「不論是多項式函數還是三角函數，函數的微分方法都相同。由平均變化率來思考，求之後的瞬間變化率。不過，『瞬間的變化率』容易讓人聯想成是對『時刻』微分呢，但並不是所有的情況都是對時刻微分。」

由梨：「沒辦法，速度本來就很容易理解啊。」

我：「當 x 的變化逼近 0，點 O 和點 P 連成的直線會趨近『圖形 $y = \sin x$ 上，點 O 的切線』。」

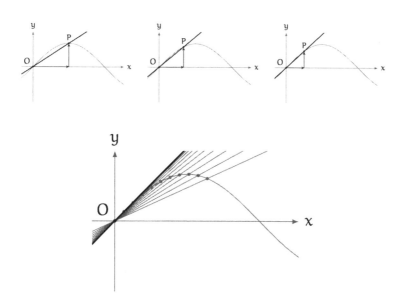

趨近圖形 $y = \sin x$ 上，點 O 的切線

我：「我們來討論各種 x 值的切線斜率吧！」

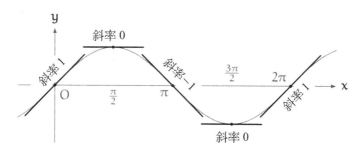

討論圖形 $y = \sin x$ 的切線斜率

由梨：「哈哈，好像在雪山滑雪。」

我：「真的很像，我們現在只要討論圖形的『切線斜率』代表什麼就可以了。切線的斜率代表圖形接下來要上升或下降。」

由梨：「嗯，如果切線斜率是 0，就表示圖形幾乎沒有變化。」

我：「沒錯。此外，$\sin x$ 是 x 的函數，切線斜率也是 x 的函數。」

由梨：「切線斜率也是 x 的函數？」

我：「對。$y = \sin x$ 圖形中，一個 x 值會對應一個切線斜率，這就是 x 的函數。『$y = \sin x$ 切線斜率的函數』為『$\sin x$ 對 x 微分的函數』。」

由梨：「嗯……我搞糊塗了。具體來說，『$\sin x$ 對 x 微分的函數』是什麼意思呢？」

我：「我們依照圖形，寫出增減表吧。」

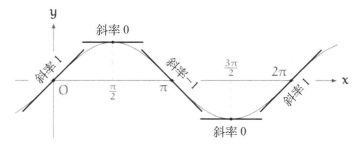

圖形

x	0	$\cdots$	$\frac{\pi}{2}$	$\cdots$	π	$\cdots$	$\frac{3\pi}{2}$	$\cdots$	2π
$\sin x$	0	↗	1	↘	0	↘	-1	↗	0
切線斜率	1	↘	0	↘	-1	↗	0	↗	1

增減表

我：「我們可以由這張增減表看出『函數 $\sin x$ 對 x 微分的導函數圖形』。」

由梨：「嘿——」

我：「由梨，不要光『嘿——』，妳應該知道圖形是什麼樣子吧？」

由梨：「啊，我來畫嗎？我看看……0 的時候為 1，快速往下變為 0，再繼續往下變為 -1，再變回 0……咦？」

我：「妳瞭解了嗎？」

由梨：「哥哥，好像會變成 V 字形耶，先往下又往上。圖形會是這樣嗎？」

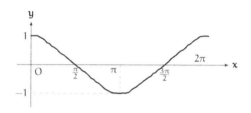

$\sin x$ 對 x 微分的函數圖形會像這樣嗎？

我：「嗯，差不多。」

由梨：「那個……我總覺得 $\sin x$ 和『切線斜率』很像，在 1 和 -1 之間上下來回。」

我：「不錯！妳不要只畫 0 到 2π，畫長一點，重複同樣步驟。」

由梨：「重複同樣的步驟，也只是由 V 字形變成 W 字形而已啊。」

我：「不對，妳畫畫看，畫出大致形狀就可以了。」

由梨：「好啦。」

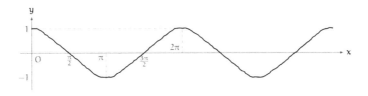

sin x 對 x 微分的函數圖形會像這樣嗎？

我：「妳發現了嗎？」

由梨：「發現什麼？」

我：「妳觀察一下。」

由梨：「果然變成 W 字形了。重複同樣的步驟，圖形就變成了彎彎曲曲的波——啊，這該不會是 sin 曲線吧？」

我：「喔——厲害喔！」

由梨：「是這樣嗎？變成了 sin 曲線的圖形嗎？」

我：「畫得不錯！但是妳仔細觀察會發現圖形向左偏離。$y = \sin x$ 的圖形應該要從原點出發，因為 $\sin 0 = 0$，但由梨畫的波是從 1 開始。」

由梨：「啊，對耶。」

我：「其實只要將 $y = \sin x$ 向左偏離 $\frac{\pi}{2}$，就是 $y = \cos x$ 的圖形了。我們將它們畫出來比較吧。」

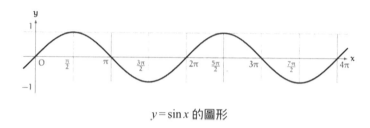

$y = \sin x$ 的圖形

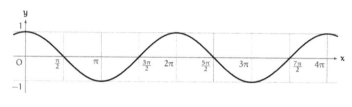

$y = \cos x$ 的圖形

由梨：「這是 cos 的圖形？sin 和 cos 的圖形相同嗎？」

我：「形狀相同，只是相互偏離了 $\frac{\pi}{2}$。$y = \sin x$ 的圖形往左偏 $\frac{\pi}{2}$，就是 $y = \cos x$ 的圖形。」

由梨：「嘿──」

我：「函數 $\sin x$ 對 x 微分，會變為函數 $\cos x$。」

由梨：「sin 微分……會變為 cos。」

$$\sin x \xrightarrow{\ \text{對 } x \text{ 微分}\ } \cos x$$

我：「沒錯。『sin 微分即為 cos』的說法省略了很多細節，這邊還需要補充。『sin』是指『x 的函數 $\sin x$』，『微分』」

　　則必須說成『對 x 微分』……」

由梨：「好啦，哥哥的說明真囉唆。」

我：「妳說什麼！」

由梨：「剛才哥哥說的『微分很多次也不會變為常數』這一點，我已經瞭解了！」

我：「喔？」

由梨：「sin 微分即會變為 cos，而且圖形不會變成水平線。」

我：「沒錯喔。」

由梨：「圖形只是橫向偏移了，所以不會變水平線。而且，cos 微分就會變回 sin 了吧？這樣就可以無限微分下去了！」

我：「由梨，妳真厲害！虧妳能注意到這點。哥哥一開始學三角函數的微分時，沒有注意到這件事，只是——」

由梨：「只是什麼？」

我：「只是 cos 微分並不會變回 sin。函數 cos x 微分後，會變成 $-\sin x$ 喔。」

$$\cos x \xrightarrow{\text{對 } x \text{ 微分}} -\sin x$$

由梨：「咦！是這樣嗎？」

我：「將 $\sin x$、$\cos x$、$-\sin x$ 的圖形放在一起比較吧。我們可以發現，圖形微分一次，波便會向左偏移 $\frac{\pi}{2}$。」

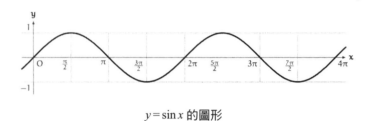

$y = \sin x$ 的圖形

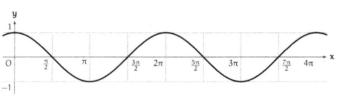

$y = \cos x$ 的圖形

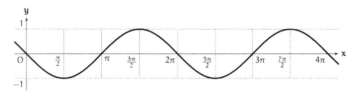

$y = -\sin x$ 的圖形

由梨：「真的耶！向左偏移。」

我：「仔細觀察 $y = \sin x$ 的圖形並畫出增減表，我們就能推測出 $-\sin x$ 的樣子。它的增減表是這樣。」

x	0	$\cdots$	$\frac{\pi}{2}$	$\cdots$	π	$\cdots$	$\frac{3\pi}{2}$	$\cdots$	2π
cos x	1	↘	0	↘	−1	↗	0	↗	1
切線的斜率	0	↘	−1	↗	0	↗	1	↘	0

增減表

我：「接著，$-\sin x$ 對 x 微分後變為 $-\cos x$。再進一步，$-\cos x$ 對 x 微分後變為 $\sin x$。這樣輪迴一圈，微分四次即會變回原函數。」

$$\sin x \xrightarrow{\text{對 } x \text{ 微分}} \cos x$$

$$\cos x \xrightarrow{\text{對 } x \text{ 微分}} -\sin x$$

$$-\sin x \xrightarrow{\text{對 } x \text{ 微分}} -\cos x$$

$$-\cos x \xrightarrow{\text{對 } x \text{ 微分}} \sin x$$

由梨：「微分四次即會變回原函數？」

我：「對。sin x 對 x 微分，微分四次即會變回 sin x。這可從圖形看出來。將 $y =$ sin x 的圖形『逐步往左偏移 $\frac{\pi}{2}$』，重複四次後，就會往左偏移 $\frac{\pi}{2} \times 4 = 2\pi$。這樣剛好是一個 sin x 波，也就是一個週期，最後變回 sin x 的圖形。因為波是無限延續下去的，所以無論微分幾次，仍會一直迴圈 sin x、cos x、$-$sin x、$-$cos x，不會變成水平線。」

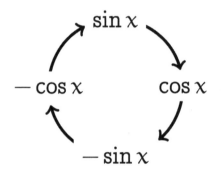

微分四次即會變回原函數

由梨：「真有意思！」

4.8 簡諧運動

我:「那麼,再來歌頌一位物理學家吧。」

由梨:「剛剛不是已經歌頌過了嗎?」

我:「令質點在直線上移動,時刻 t 的位置函數為 $\sin t$。妳認為此時的加速度為何?」

由梨:「位置微分會變為速度,再微分一次即為加速度。」

我:「沒錯,所以將 $\sin t$ 對 t 微分兩次。」

由梨:「$\sin t$ 微分變為 $\cos t$,再微分一次變為 $-\sin t$。」

我:「剛才(p.112)說的牛頓運動定律提到,有加速度即有受力。假設質量為 1,則『加速度的圖形』可看作『力的圖形』。」

由梨:「力的圖形?」

我:「對。位置為函數 $\sin t$、加速度為函數 $-\sin t$,將兩者圖形的時間縱向對齊,我們即能知道『質點在各位置受到多少的力』。」

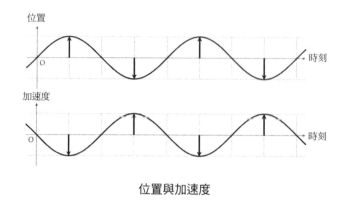

位置與加速度

由梨：「……」

我：「如上圖所示，位置與受力正好相反。」

由梨：「我不太懂。」

我：「妳不懂哪個地方？」

由梨：「位置與受力正好相反？」

我：「沒錯。比方說，若位置為最大值 1，受力即為最小值 −1。反之亦然。」

由梨：「若位置最大則受力最小，這樣不是很奇怪嗎？」

我：「不會，不奇怪。位置最大，會受到最大的反向力，所以一點也不奇怪。這就像是力拉著質點大喊『別去那邊』！」

由梨：「啊，是這樣嗎？」

我：「相反地，當位置最小的時候，質點會受到另一邊的力拉
　　扯。因為受到這些反方向的力作用，所以質點才會來來回
　　回地反覆運動。」

由梨：「……」

我：「妳能從圖中看出，當位置為 0，受力為何嗎？」

由梨：「當位置為 0，受力也為 0 啊。」

我：「沒錯！來來回回的質點，只有在波形的中間點時不受力，
　　呈現放空的狀態。」

由梨：「……」

我：「因此，若時刻 t 的質點位置為 $\sin t$，時刻 t 的受力即為
　　$-\sin t$。這是質量為 1 的情況。」

由梨：「哥哥，我覺得變難了，我不太懂。而且，質點怎麼會
　　受到這麼複雜的力作用？若是如此，力的大小不是會經常
　　改變嗎？」

我：「力的大小與方向會改變。」

由梨：「對，還有方向。」

我：「但是呢，由梨，我們其實經常看到這樣的往返運動喔，
　　鐘擺就是一個例子。雖然鐘擺不是做直線上的運動。」

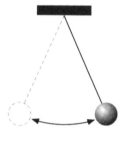

鐘擺

由梨：「鐘擺的確是來來回回呢。」

我：「還有，在彈簧下懸掛重物也是這種運動。」

由梨：「一彈一彈的？」

我：「沒錯。彈簧伸長到最長的時候，受到最大的反向力，這
　　是拉力；彈簧縮到最短的時候，也受到最大的反向力，這
　　是推力。此外，彈簧沒有伸長、縮短的時候，受力為 0。」

由梨：「啊……」

我：「物體的這種運動稱為**簡諧運動**。鐘擺、彈簧的振動都是
　　簡諧運動，兩者都可以利用 sin、cos 的三角函數和微分來
　　研究喔。」

由梨：「咦！」

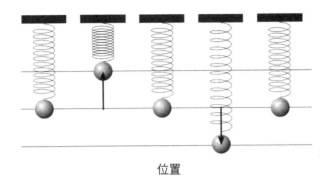

位置

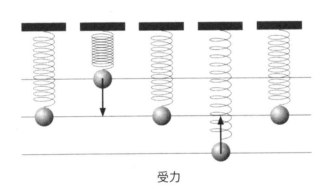

受力

我：「物理學中，特別是力學，經常研究物體位置的**變化**，而
　　微分是『捕捉變化』的方便道具喔。」

由梨：「原來如此！」

「聞『1』知『n』。」

第 4 章的問題

●問題 4-1（360 的因數）

前文提到，360 有很多正的因數。試求 360 所有的正因數。

（360 的正因數是能夠整除 360，且大於 1 的整數。）

（答案在 p.211）

●問題 4-2（多項式函數的微分）

請將下列函數對 x 微分兩次。

① $3x^2 + 4x + 3$

② $2x^3 - x^2 - 3x - 5$

③ $\dfrac{1}{0!} + \dfrac{x^1}{1!} + \dfrac{x^2}{2!} + \dfrac{x^3}{3!} + \dfrac{x^4}{4!} + \cdots + \dfrac{x^{100}}{100!}$

（定義 $n! = n(n-1)\cdots 2 \cdot 1$，$0! = 1$）

（答案在 p.214）

●問題 4-3（三角函數）

請回想圖形，填滿增減表的空欄。

x	0	...	$\frac{\pi}{2}$	...	π	...	$\frac{3\pi}{2}$	...	2π
sin x	0	↗	1	↘	0				
cos x									
−sin x									
−cos x									

（答案在 p.216）

第5章

除法乘法大亂鬥

「為了捕捉變化而微分——」

5.1 圖書館

場景為高中的圖書室,時間是放學後。

如同往常,我在學習數學,蒂蒂走到了我的身邊。

蒂蒂:「學長……你知道這個問題卡片的意思嗎?」

我:「咦!」

村木老師的問題卡片

$$\left(\frac{n+1}{n}\right)^n \qquad (n = 1, 2, 3, \ldots)$$

蒂蒂:「我從村木老師那裡拿到這張問題卡片,自己思考了一番。」

我：「……嗯，妳有什麼想法？」

蒂蒂：「若出現 n，即代入小的數討論！」

$$n = 1 \text{ 的時候} \quad \left(\frac{1+1}{1}\right)^{1} = \frac{2^{1}}{1^{1}} = \frac{2}{1} = 2$$

$$n = 2 \text{ 的時候} \quad \left(\frac{2+1}{2}\right)^{2} = \frac{3^{2}}{2^{2}} = \frac{9}{4} = 2.25$$

$$n = 3 \text{ 的時候} \quad \left(\frac{3+1}{3}\right)^{3} = \frac{4^{3}}{3^{3}} = \frac{64}{27} = 2.37037037\cdots$$

$$n = 4 \text{ 的時候} \quad \left(\frac{4+1}{4}\right)^{4} = \frac{5^{4}}{4^{4}} = \frac{625}{256} = 2.44140625$$

我：「妳實際動手計算耶，不錯喔！」

蒂蒂：「但是學長，只有這樣會讓人覺得 "So what？" 沒有其他好玩的地方嗎？」

我：「蒂蒂在計算的時候，沒有什麼想法嗎？」

蒂蒂：「嗯……有一點，但不是什麼了不起的想法。」

我：「比方說呢？」

蒂蒂：「除法乘法大亂鬥！這是我的感覺。」

我：「咦？」

蒂蒂：「括號內的分數 $\frac{n+1}{n}$，分母為 n、分子為 $n+1$，分子比較大。」

我：「嗯，沒錯。」

蒂蒂：「所以，這個分數一定會大於 1。」

$$\frac{n+1}{n} > 1$$

我：「如果 $n > 0$，的確是如此。」

蒂蒂：「$\frac{n+1}{n}$ 一定會比 1 大，但也沒有比 1 大多少。例如，如果 $n = 10$，$\frac{11}{10} = 1.1$；$n = 100$，則 $\frac{101}{100} = 1.01$。」

我：「嗯！不錯。」

蒂蒂：「但是，n 越大，n 次方的效果就越大。所以 $n = 100$ 就有一百次方！」

我：「沒錯喔，蒂蒂。」

蒂蒂：「因此，我覺得這個式子 $\left(\frac{n+1}{n}\right)^n$ 好像大亂鬥。n 代入大的數，括號內的分數，也就是除法的結果，就會接近 1。$\frac{n+1}{n}$ 越接近 1，$\left(\frac{n+1}{n}\right)^n$ 越不容易變大。此外，n 代入大的數，$\left(\frac{n+1}{n}\right)^n$ 即會進行好幾次的乘法，所以你瞧，這樣不就是『除法乘法大亂鬥』，看哪一方能勝出嗎？」

我：「我覺得蒂蒂的想法很厲害，這是非常有趣的觀點。」

蒂蒂：「真的嗎？但是，哪一方在這個大亂鬥中勝出呢？我不知道……」

5.2 式子的變形

我：「說實話，我知道若 n 越變越大，$\left(\frac{n+1}{n}\right)^n$ 會如何變化。」

蒂蒂：「咦！是這樣嗎！」

我：「$\left(\frac{n+1}{n}\right)^n$ 是非常有名的式子，我想擅長數學的高中生應該都知道。」

蒂蒂：「這樣啊，我是不知道啦……學長，這就是所謂的數學直覺嗎？」

我：「不不不，不是。這不是什麼直覺，只是知不知道而已。我只是剛好知道。」

蒂蒂：「是……」

我：「蒂蒂剛才提出的大亂鬥，我想才是數學直覺。」

蒂蒂：「是嗎！」

我：「n 越變越大，帶有 n 的數學式會如何變化——這就是數學的**極限**。『當 n 接近無窮大，$\left(\frac{n+1}{n}\right)^n$ 會變得如何』可用數學式表示成這個樣子。」

$$\lim_{n \to \infty} \left(\frac{n+1}{n}\right)^n$$

蒂蒂：「極限……」

我：「妳將 $\frac{n+1}{n}$ 看作『$n+1$ 除以 n』，但我們可以將式子變形。」

$$\frac{n+1}{n} = 1 + \frac{1}{n}$$

蒂蒂：「是。」

我：「$1 + \frac{1}{n}$ 可以看成『1 加上一個小的數』吧？」

蒂蒂：「沒錯！而且，當 n 越變越大，$\frac{1}{n}$ 會越變越小！」

我：「就是這麼一回事。當 n 為 $1, 2, 3$……漸漸變大，$\frac{1}{n}$ 即為 $\frac{1}{1}$，$\frac{1}{2}, \frac{1}{3}$……漸漸趨近 0。所以我們可知 $1 + \frac{1}{n}$ 的值是『n 越大，就越趨近於 1』。」

蒂蒂：「真有趣。」

我：「改變一下式子，妳看見的風景就會有所不同喔。」

蒂蒂：「學長，真不可思議耶。以前我看到像 $\left(\frac{n+1}{n}\right)^n$ 這樣的式子，就會覺得『哇……好複雜的式子』。但是，現在這個式子看起來並不困難呢。」

我：「這是因為蒂蒂確實掌握了式子的形式。」

蒂蒂：「怎麼說？」

我：「妳實際動手計算過，大於 1、n 次方等式子，討論了許多情形。這樣長時間地接觸數學式，妳就慢慢習慣了，能夠清楚掌握式子的形式，所以妳不再覺得式子複雜。」

蒂蒂：「因為我總是看到學長在寫數學式啊……」

我：「那是因為我喜歡寫數學式，嘗試不同的變形、自行推導、
思索容易理解的寫法等。上課看到數學式的時候，我總是
在想『這和之前寫的式子很相似耶』、『式子這樣變形更
容易理解喔』。」

蒂蒂：「式子 $\left(1+\frac{1}{n}\right)^n$ 的括弧內是『比 1 大 $\frac{1}{n}$ 的數』，接著將
它 n 次方。」

我：「沒錯。」

5.3 複利計算

我：「對了，蒂蒂知道**複利計算**是什麼嗎？」

蒂蒂：「複利計算——嗎？」

我：「嗯，將錢存入銀行經過一段時間，會產生幾 % 的利息。
複利計算就是反覆計算本金加上利息的值。」

蒂蒂：「哈……」

我：「未加利息、原本的錢是**本金**。將錢存入銀行一段時間，
本金就會產生相應的利息。」

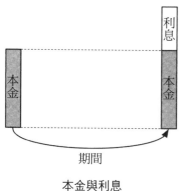

本金與利息

蒂蒂:「是,我瞭解了。」

我 :「產生的利息會變成妳自己的錢,本金加上利息即可形成
　　 更多的本金。當本金金額變大,下一期所產生的利息就越
　　 多。」

蒂蒂:「原來如此。」

我 :「因此,我們來討論一年加入好幾次利息的情形。本金存
　　 了一年,年末才會產生利息,這是一年增息一次。」

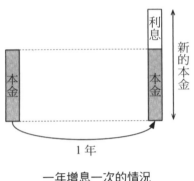

一年增息一次的情況

蒂蒂：「哈……」

我：「相對於此，也有半年增加半年份利息的方案。當然，剩下的半年是以加入利息的本金來計算利息。這是一年增息兩次的情況。妳瞭解嗎？」

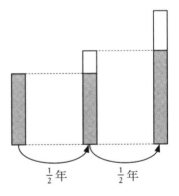

一年增息兩次的情況

蒂蒂：「瞭解，就是看要選一年增息一次還是兩次。」

我：「沒錯。那麼『一年增息一次』和『一年增息兩次』，哪個年末的存款金額比較高呢？」

蒂蒂：「當然是——」

我：「注意喔，**利息和存款時間成正比**。若本金相同，半年份的利息是一年份利息的一半，因為存款時間是一半。」

蒂蒂：「我覺得一年增息兩次的年終存款金額比較高，但……我沒有自信。」

我：「嗯，我們一起來想答案吧。若是一年增息 n 次，年終存款金額會是如何呢——我們來一般化這個問題。」

蒂蒂：「果然還是 n 越大存款金額越高嗎？因為本金加上利息，之後會有更多的本金來產生利息……但是比起頻繁加入小額利息，長時間存款的高額利息會比較多吧——我搞混了啦。」

我：「妳可以實際寫下問題。為了方便推導，先假設存款一年所產生的利息（年利息）為 100%。也就是說，年初存款一次，年終會產生和本金相同金額的利息，雖然現實中沒有這樣的銀行啦。」

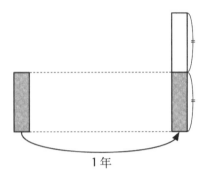

年利息 100% 的銀行

蒂蒂：「真是大方的銀行！」

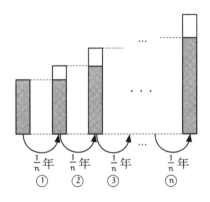

一年增息 n 次的情況

> **問題 1（複利計算）**
>
> 假設世界上有年利息 100% 的銀行。
>
> 存款額一年增加利息 n 次。
>
> 令年初的存款額為一億日圓，
>
> 年終存款額為 e_n 億日圓，請以 n 來表示 e_n。

我：「以 $n = 1$ 為例，因為只有年終增息一次，所以存款餘額 e_1
　　會變為兩億日圓。這個金額可由計算推得。」

$$e_1 = 年初的存款額+$$
$$\underbrace{年初的存款額 \times 一年份的金錢利息}_{一年份的金錢利息}$$
$$= 1 + 1 \times \frac{1}{1}$$
$$= 2$$

蒂蒂：「$e_1 = 2$，兩億日圓！」

我：「銀行這樣做，不用多久就會破產了——接著，我們來討
　　論 $n = 2$ 的情形吧。」

蒂蒂：「因為是一年增加利息兩次，所以……」

我：「令前半年的存款額為 A_1；後半年的存款額為 A_2。」

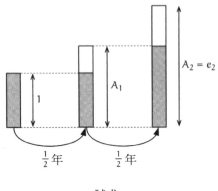

試求 e_2

蒂蒂：「不要說答案喔！前半年的存款額為 A_1，時間為 $\frac{1}{2}$ 年，
　　　所以……」

$$A_1 = 年初的存款額 +$$

$$\underbrace{年初的存款額 \times \frac{1}{2} 年份的利息}_{前\frac{1}{2}年份的利息}$$

$$= 1 + 1 \times \frac{1}{2}$$

$$= 1 + \frac{1}{2}$$

我：「沒錯。」

蒂蒂：「以 A_1 作為新的本金，令後半年增加的利息為 A_2……」

$$A_2 = A_1 + \underbrace{A_1 \times \frac{1}{2}}_{後\frac{1}{2}年份利息}$$

我：「嗯，不錯。」

蒂蒂：「這個 A_2 就是 e_2。整理一下……」

$$
\begin{aligned}
e_2 &= A_2 \\
&= A_1 + A_1 \times \frac{1}{2} \\
&= A_1 \left(1 + \frac{1}{2}\right) && \text{將提出 } A_1 \\
&= \left(1 + \frac{1}{2}\right)\left(1 + \frac{1}{2}\right) && \text{因為 } A_1 = 1 + \frac{1}{2} \\
&= \left(1 + \frac{1}{2}\right)^2 \\
&= \left(\frac{3}{2}\right)^2 \\
&= \frac{9}{4} \\
&= 2.25
\end{aligned}
$$

蒂蒂：「$e_1 = 2$、$e_2 = 2.25$。如此一來，果然是增加利息兩次的存款額比較大。話說回來，學長，$e_1 = 1 + \frac{1}{1}$、$e_2 = \left(1 + \frac{1}{2}\right)^2$，這是……」

我：「對，這個猜測是正確的。」

蒂蒂：「為了保險起見，我們再來討論 $n = 3$ 吧。如同前面的作法，令最初 $\frac{1}{3}$ 年的存款額為 B_1，下一個 $\frac{1}{3}$ 年份的存款額為 B_2，最後 $\frac{1}{3}$ 年份的存款額為 B_3……」

$$B_1 \quad = 1 + 1 \times \frac{1}{3} \quad = 1 + \frac{1}{3} \quad = \left(1 + \frac{1}{3}\right)^1$$

$$B_2 \quad = B_1 + B_1 \times \frac{1}{3} \quad = B_1 \left(1 + \frac{1}{3}\right) \quad = \left(1 + \frac{1}{3}\right)^2$$

$$B_3 \quad = B_2 + B_2 \times \frac{1}{3} \quad = B_2 \left(1 + \frac{1}{3}\right) \quad = \left(1 + \frac{1}{3}\right)^3$$

蒂蒂：「因為 $e_3 = B_1$，所以 $e_3 = \left(1 + \frac{1}{3}\right)^3$。果然，$e_n$ 是 $\left(1 + \frac{1}{n}\right)^n$！」

$$e_1 = \left(1 + \frac{1}{1}\right)^1$$

$$e_2 = \left(1 + \frac{1}{2}\right)^2$$

$$e_3 = \left(1 + \frac{1}{3}\right)^3$$

$$\vdots$$

$$e_n = \left(1 + \frac{1}{n}\right)^n$$

我：「沒錯。」

> **問題 1（複利計算）**
> 假設世界上有年利息 100% 的銀行，存款額一年增加利息
> n 次。年初的存款額為一億日圓，年終的存款餘額為 e_n，
> 此時下式成立：
>
> $$e_n = \left(1 + \frac{1}{n}\right)^n$$

我：「所以村木老師的問題卡片所寫的式子，是銀行年利息
100%、一年增加利息 n 次，一年後的存款額……就是複利
計算。」

蒂蒂：「……」

我：「怎麼了嗎？」

5.4 收斂與發散

蒂蒂：「學長……如果 n 越來越大，e_n 也就是 $\left(1 + \frac{1}{n}\right)^n$ 會變成無
限大嗎？存款額無限大？」

我：「存款額能有多大很重要吧。」

蒂蒂：「對……我搞糊塗了。如果 n 越大，數字 n 次方就會變
成越大的數吧？所以即便數值很接近 1，經過 n 次方後，
也可以變得無限大吧──不是嗎？」

我：「嗯。」

蒂蒂：「但是聽完學長講的存款額概念，我又覺得可能不是這麼一回事。因為年利息是固定的，不管一年內的利息分幾次增加，都不可能無限大。」

我：「對。我們難以想像 e_n 會是如何。當 n 越變越大，e_n 會是無限大，還是趨近某個固定值呢？」

蒂蒂：「這果然是除法乘法大亂鬥！若是除法勝出，數值就不會那麼大；乘法勝出，數值則可能……變成無限大。」

我：「因為『無限大』不是一個數，所以我們不會說『變成無限大』。n 越大 e_n 越大的概念，我們會說 e_n『**向正無限大發散**』。」

蒂蒂：「向正無限大發散……」

我：「此外，n 越變越大，e_n 的值會趨近某個固定值，我們稱為 e_n『**收斂**』到該值。」

蒂蒂：「收斂……」

我：「數收斂所趨近的那個值，則稱為**極限值**喔，蒂蒂。」

蒂蒂：「等一下……那個……」

我：「整理一下思緒吧。當 n 越變越大，使數列的項趨近固定值，我們稱為『數列收斂』。數列不收斂即為發散。發散分為三種：變得非常大（向正無限大發散）、變得非常小（向負無限大發散）、兩者皆非（震盪）。」

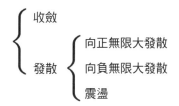

蒂蒂：「我瞭解了。」

我：「那麼，我們來做個實驗吧。」

蒂蒂：「實驗？」

我：「利用工程計算機，實際代入 n，計算 e_n 能變得多大。」

蒂蒂：「啊，原來如此！還可以利用這個方法呀！」

我：「某種程度上可以啦，但因為演算能夠確認的是『有限個 n』，所以沒有辦法代替證明。可是，我們可以看看情況大致上是如何。」

蒂蒂：「我要看！」

5.5 實驗

我：「我們來變化 $\left(1+\frac{1}{n}\right)^n$，$n = 1, 2, 3\cdots\cdots$」

蒂蒂：「會變成什麼樣子呢⋯⋯」

$\left(1+\dfrac{1}{n}\right)^n$ 的變化（$n = 1, 2, 3, \cdots, 10$）

n	$\left(1+\frac{1}{n}\right)^n$
1	2
2	2.25
3	2.370370370
4	2.44140625
5	2.48832
6	2.521626371
7	2.546499697
8	2.565784513
9	2.581174791
10	2.593742460

蒂蒂：「好微妙⋯⋯好像在一點一點地增加。」

我：「以存款為例，n 不能大於一年 365 天，但在數學上沒有這個限制。」

蒂蒂：「我們用更大的 n 來演算！」

我:「好啊。」

$\left(1+\dfrac{1}{n}\right)^{n}$ 的變化（$n = 1, 10, 100, \cdots, 1000000$）

n	$\left(1+\frac{1}{n}\right)^{n}$
1	2
10	2.593742460
100	2.704813829
1000	2.716923932
10000	2.718145926
100000	2.718268237
1000000	2.718280469

蒂蒂:「學長！n 增加到 100 萬的時候，好像 2.7182 的位數不再改變了。$\left(1+\frac{1}{n}\right)^{n}$ 會……嗯……收斂！」

我:「我們可以猜測它會收斂，但我還是想要證明。」

蒂蒂:「證明……要怎麼做才能證明呢？」

我:「利用**二項式定理**展開 $\left(1+\frac{1}{n}\right)^{n}$，我想應該即可證明。展開後，仔細觀察式子的形式。」

蒂蒂:「二項式定理！」

蒂蒂快速翻閱她的《秘密筆記》。

二項式定理

$$(x + y)^n = \binom{n}{0}x^{n-0}y^0$$

$$+ \binom{n}{1}x^{n-1}y^1$$

$$+ \binom{n}{2}x^{n-2}y^2$$

$$+ \cdots$$

$$+ \binom{n}{k}x^{n-k}y^k$$

$$+ \cdots$$

$$+ \binom{n}{n-2}x^2y^{n-2}$$

$$+ \binom{n}{n-1}x^1y^{n-1}$$

$$+ \binom{n}{n-0}x^0y^{n-0}$$

※這邊是 $\binom{n}{k} = {}_nC_k$（從 n 個項中選取 k 個項的組合數）。

蒂蒂：「展開是這個呀……」

我：「沒錯。$\binom{n}{k}$ 的部分可以像這樣展開……」

$$\binom{n}{k} = \frac{n!}{(n-k)!k!} = \frac{n(n-1)\cdots(n-k+1)}{k!}$$

問題 2（收斂或發散）

一般項為下式的數列，

$$e_n = \left(1 + \frac{1}{n}\right)^n$$

當 $n \to \infty$，會收斂嗎？

我：「首先，利用二項式定理展開 $\left(1 + \frac{1}{n}\right)^n$。將 1 和 $\frac{1}{n}$ 代入二項式定理的 x 和 y。」

$$\begin{aligned}
e_n &= \left(1 + \frac{1}{n}\right)^n \\
&= \binom{n}{0} 1^{n-0} \left(\frac{1}{n}\right)^0 \quad \text{利用二項式定理展開} \\
&\quad + \binom{n}{1} 1^{n-1} \left(\frac{1}{n}\right)^1 \\
&\quad + \binom{n}{2} 1^{n-2} \left(\frac{1}{n}\right)^2 \\
&\quad + \binom{n}{3} 1^{n-3} \left(\frac{1}{n}\right)^3 \\
&\quad + \cdots \\
&\quad + \binom{n}{k} 1^{n-k} \left(\frac{1}{n}\right)^k \\
&\quad + \cdots \\
&\quad + \binom{n}{n} 1^0 \left(\frac{1}{n}\right)^{n-0}
\end{aligned}$$

蒂蒂:「突然複雜到令人頭暈啊。」

我:「沒問題的,妳會覺得複雜,是因為妳一次看整個數學式。
『將複雜的數學式拆開來看』是很重要的技巧。同時,妳
要注意式子的形式。首先,1^{n-k} 的部分一定是 1,所以不
用寫出來。然後,將 $\left(\frac{1}{n}\right)^k$ 寫成 $\frac{1}{n^k}$ 會比較容易理解。接著,
再命名展開的各項,個別推導就可以了。」

$$
\begin{aligned}
e_n &= \left(1 + \frac{1}{n}\right)^n \\
&= \binom{n}{0}\frac{1}{n^0} && \text{命名為 } a_0 \\
&+ \binom{n}{1}\frac{1}{n^1} && \text{命名為 } a_1 \\
&+ \binom{n}{2}\frac{1}{n^2} && \text{命名為 } a_2 \\
&+ \binom{n}{3}\frac{1}{n^3} && \text{命名為 } a_3 \\
&+ \cdots \\
&+ \binom{n}{k}\frac{1}{n^k} && \text{命名為 } a_k \\
&+ \cdots \\
&+ \binom{n}{n}\frac{1}{n^n} && \text{命名為 } a_n
\end{aligned}
$$

蒂蒂:「原來如此,也就是說,原式會變成這樣!」

$$e_n = a_0 + a_1 + a_2 + a_3 + \cdots + a_k + \cdots + a_n$$

我:「沒錯,雖然 e_n 整體看起來很複雜,但分成『和』的形式

來看，式子就變簡單了。舉例來說，a_k 會變成這樣的形式。」

$$a_k = \binom{n}{k} \frac{1}{n^k}$$

蒂蒂：「到這個程度，我還可以理解……」

我：「二項式定理大概是高中生會學到的最複雜式子，簡單來說就是，改變 $k = 1, 2, 3\cdots, n$，把 a_k 相加。」

蒂蒂：「是……」

我：「我們先來計算前面的幾個項吧。」

$$a_0 = \binom{n}{0} \frac{1}{n^0} = 1 \cdot 1 = 1$$

$$a_1 = \binom{n}{1} \frac{1}{n^1} = n \cdot \frac{1}{n} = 1$$

$$a_2 = \binom{n}{2} \frac{1}{n^2} = \frac{n(n-1)}{2} \cdot \frac{1}{n^2} = \frac{n(n-1)}{2n^2}$$

$$a_3 = \binom{n}{3} \frac{1}{n^3} = \frac{n(n-1)(n-2)}{6} \cdot \frac{1}{n^3} = \frac{n(n-1)(n-2)}{6n^3}$$

蒂蒂：「a_0 和 a_1 為 1，但從 a_2 開始就變複雜了……」

我：「若分母用 2、6 來計算，會看不出規則。『停下計算找規則』也許能使妳比較容易理解。」

蒂蒂：「停下計算，找規則？」

我：「沒錯。a_2 的分母 $2n^2$ 原本應該是 $2! \, n^2$，a_3 的分母 $6n^3$ 是 $3! \, n^3$。加上『!』後，階乘和指數的數字就會相同，妳有發現嗎？」

蒂蒂：「有！我發現了！」

我：「那就是它的規則，$\frac{n(n-1)}{2!}$、$\frac{n(n-1)(n-2)}{3!}$ 是組合數，很容易找出規則，但將 n 寫成 $n-0$ 會更棒。」

$$a_0 = \binom{n}{0}\frac{1}{n^0} = \frac{1}{0!\,n^0}$$

$$a_1 = \binom{n}{1}\frac{1}{n^1} = \frac{(n-0)}{1!\,n^1}$$

$$a_2 = \binom{n}{2}\frac{1}{n^2} = \frac{(n-0)(n-1)}{2!\,n^2}$$

$$a_3 = \binom{n}{3}\frac{1}{n^3} = \frac{(n-0)(n-1)(n-2)}{3!\,n^3}$$

蒂蒂：「原來如此，我開始瞭解找規則的意義了。」

我：「一般來說，a_k 會像這樣……」

$$a_k = \binom{n}{k}\frac{1}{n^k} = \frac{(n-0)(n-1)(n-2)(n-3)\cdots(n-k+1)}{k!\,n^k}$$

蒂蒂：「的確是這樣呢！……嗯，但是我們現在是在做什麼啊？」

我：「我們在利用二項式定理展開 $\left(1+\frac{1}{n}\right)^n$，尋找各項 a_k 的規則。目前為止，我們得到這樣的式子……」

$$e_n = \left(1 + \frac{1}{n}\right)^n$$

$$= 1 \qquad (\leftarrow a_0)$$

$$+ 1 \qquad (\leftarrow a_1)$$

$$+ \frac{(n-0)(n-1)}{2!\,n^2} \qquad (\leftarrow a_2)$$

$$+ \frac{(n-0)(n-1)(n-2)}{3!\,n^3} \qquad (\leftarrow a_3)$$

$$+ \cdots$$

$$+ \frac{(n-0)(n-1)(n-2)(n-3)\cdots(n-k+1)}{k!\,n^k} \qquad (\leftarrow a_k)$$

$$+ \cdots$$

$$+ \frac{(n-0)(n-1)(n-2)(n-3)\cdots 1}{n!\,n^n} \qquad (\leftarrow a_n)$$

蒂蒂:「展開是展開了，但這能讓我們發現什麼？」

我:「我還沒有發現什麼喔。」

蒂蒂:「咦?」

我:「但是我們知道**目標**啊。我們想要知道，當 $n \to \infty$ 的時候，e_n 是否收斂?」

蒂蒂:「怎樣才能知道極限呢?」

我:「我們討論 $n \to \infty$ 的時候，『武器』是固定的，$\frac{1}{n}$、$\frac{1}{n^2}$ 就是有用的武器。因為當 $n \to \infty$，我們知道 $\frac{1}{n} \to 0$、$\frac{1}{n^2} \to 0$。」

蒂蒂:「哈哈……」

我：「我們能使用的武器有限，所以要將我們自然推導出來的式子，變形成可以套用於武器的形式。」

蒂蒂：「這樣會順利嗎？」

我：「蒂蒂，不動手算不知道喔。我沒有辦法保證一定會順利，但是我們可以先將式子轉換到能套用武器的形式。」

蒂蒂：「原來如此……」

我：「我們已經知道 $a_0 = 1$、$a_1 = 1$，所以從 a_2 開始，我們可以使式子如此轉換……」

$$
\begin{aligned}
a_2 &= \frac{(n-0)(n-1)}{2!\, n^2} \\
&= \frac{n^2 - n}{2!\, n^2} && \text{展開分子} \\
&= \frac{1}{2!}\left(\frac{n^2 - n}{n^2}\right) && \text{將 } \frac{1}{2!} \text{ 提到外面} \\
&= \frac{1}{2!}\left(\frac{n^2}{n^2} - \frac{n}{n^2}\right) && \text{拆開為分數相減} \\
&= \frac{1}{2!}\left(1 - \frac{1}{n}\right) && \text{約分（★）}
\end{aligned}
$$

蒂蒂：「啊！真的耶。$\frac{1}{n}$ 出現了！」

我：「a_3 也可以用相同的方式處理。」

$$a_3 = \frac{(n-0)(n-1)(n-2)}{3! \, n^3}$$

$$= \frac{n^3 - 3n^2 + 2n}{3! \, n^3} \qquad \text{展開分子}$$

$$= \frac{1}{3!} \left(\frac{n^3 - 3n^2 + 2n}{n^3} \right) \qquad \text{將 } \frac{1}{3!} \text{ 提到外面}$$

$$= \frac{1}{3!} \left(\frac{n^3}{n^3} - \frac{3n^2}{n^3} + \frac{2n}{n^3} \right) \qquad \text{拆成分數的和、差}$$

$$= \frac{1}{3!} \left(1 - \frac{3}{n} + \frac{2}{n^2} \right) \qquad \text{約分（☆）}$$

蒂蒂：「$\frac{3}{n}$、$\frac{2}{n^2}$ 出現了，好像在變魔術。」

我：「妳太誇張了吧，我只是展開式子而已。但是，這也算是一種整理，因為當 $n \to \infty$，則 $\frac{1}{n} \to 0$、$\frac{1}{n^2} \to 0$，括弧內只剩下 1。也就是說，我們能夠求當 $n \to \infty$ a_2、a_3 的極限值。」

$$\lim_{n \to \infty} a_2 = \lim_{n \to \infty} \frac{1}{2!} \left(1 - \frac{1}{n} \right) \qquad \text{由 p.168 的（★）得知}$$

$$= \frac{1}{2!} \qquad \text{因為 } n \to \infty, \frac{1}{n} \to 0$$

蒂蒂：「這表示 a_2 的極限值為 $\frac{1}{2!}$ 嗎？」

我：「沒錯。同理可知，a_3 的極限值也能計算。」

$$\lim_{n \to \infty} a_3 = \lim_{n \to \infty} \frac{1}{3!} \left(1 - \frac{3}{n} + \frac{2}{n^2} \right) \qquad \text{由 p.169 的（☆）得知}$$

$$= \frac{1}{3!}$$

蒂蒂：「學長！我也發現規則了！a_2 的極限值為 $\frac{1}{2!}$、a_3 的極限

值為 $\frac{1}{3!}$，所以 a_k 的極限值肯定為 $\frac{1}{k!}$！」

我：「好像會變成那樣呢。我們來討論 a_k 吧！」

$$\lim_{n \to \infty} a_k = \lim_{n \to \infty} \frac{(n-0)(n-1)(n-2)(n-3)\cdots(n-k+1)}{k!\, n^k}$$

我：「分子展開是以 n^k 為首的 k 次方式子，所以除以分母的 n^k，

式子會變為 $1 + \boxed{\frac{1}{n} \text{ 降冪的有限和}}$ 的形式。也就是……」

蒂蒂：「是……」

$$\lim_{n \to \infty} a_k = \lim_{n \to \infty} \frac{1}{k!} \left(1 + \boxed{\frac{1}{n} \text{ 降冪的有限和}} \right)$$
$$= \frac{1}{k!}$$

我：「這樣就達到我們的目標了。」

$$\lim_{n \to \infty} e_n = \lim_{n \to \infty} \left(1 + \frac{1}{n} \right)^n$$
$$= a_0 + a_1 + a_2 + a_3 + a_4 + \cdots$$
$$= 1 + 1 + \frac{1}{2!} + \frac{1}{3!} + \frac{1}{4!} + \cdots$$
$$= \frac{1}{0!} + \frac{1}{1!} + \frac{1}{2!} + \frac{1}{3!} + \frac{1}{4!} + \cdots$$

蒂蒂：「真的耶！」

米爾迦：「真的是這樣？」

蒂蒂：「哇！米爾迦學姊！」

　　我的同班同學才女米爾迦窺探著筆記本。她是什麼時候開始看的啊？

米爾迦：「蒂蒂，妳的問題是什麼？」

蒂蒂：「我的問題是這個……」

問題 2（收斂與發散）

一般項為下式的數列，

$$e_n = \left(1 + \frac{1}{n}\right)^n$$

當 $n \to \infty$，會收斂嗎？

米爾迦：「嗯……你們算的結果是正確的。」

$$\lim_{n \to \infty} \left(1 + \frac{1}{n}\right)^n = \frac{1}{0!} + \frac{1}{1!} + \frac{1}{2!} + \frac{1}{3!} + \frac{1}{4!} + \cdots$$

米爾迦：「但是，有兩個奇怪的地方。首先，是妳的式子變形，從 $a_0 + a_1 + a + a_3 + a_4 + \cdots\cdots$ 推導到 $1 + 1 + \frac{1}{2!} + \frac{1}{3!} + \frac{1}{4!} + \cdots\cdots$ 這裡有點奇怪。a_k 還包含了 n，應該寫成 $a_{n,k} = a_k$ 才清楚。這邊該求的極限為……

$$\lim_{n \to \infty} (a_{n,0} + a_{n,1} + \cdots + a_{n,n})$$

但妳計算的是……

$$\lim_{m \to \infty} \left(\lim_{n \to \infty} a_{n,0} + \lim_{n \to \infty} a_{n,1} + \cdots + \lim_{n \to \infty} a_{n,m} \right)$$

一般來說，這個問題相當嚴重喔。」

我：「原來如此⋯⋯那另外一個奇怪的地方是什麼？」

米爾迦：「另外一個就是，你們所推導出的無限級數 $\frac{1}{0!} + \frac{1}{1!} + \frac{1}{2!} + \frac{1}{3!} + \frac{1}{4!} + \cdots\cdots$是否收斂呢？你們沒有確認這點。」

我：「嗯，若不證明這個式子是否收斂，我們就不能說 $\lim_{n \to \infty} e_n$ 收斂⋯⋯」

米爾迦：「我們來重新討論 e_n 的收斂吧。」

5.6 極限的問題

米爾迦：「我們來討論 $e_n = \left(1 + \frac{1}{n}\right)^n$ 的收斂吧，利用『單調遞增數列有上界，則數列收斂』。證明的步驟如下。」

證明的步驟

證明下面的數列 $\langle e_n \rangle$ 會在 $n \to \infty$ 時收斂。

$$e_n = \left(1 + \frac{1}{n}\right)^n$$

我們必需證明①和②。

①數列 $\langle e_n \rangle$ 為單調遞增。

　　也就是說，任意 $n = 1, 2, 3\cdots$ 皆成立。

$$e_n < e_{n+1}$$

②數列 $\langle e_n \rangle$ 有上界。

　　也就是說，任意 $n = 1, 2, 3\cdots$，即有不受 n 影響的常數 A。

$$e_n \leqq A$$

5.7　①數列 $\langle e_n \rangle$ 為單調遞增

米爾迦：「首先，一開始先以二項式定理表示 e_n 為單調遞增。令 $e_n = \left(1 + \frac{1}{n}\right)^n$ 展開的各項為 $a_0, a_1, a_2, \cdots, a_n$。」

蒂蒂：「a_k 是剛剛計算的這個嘛！」

$$a_k = \frac{(n-0)(n-1)(n-2)(n-3)\cdots(n-k+1)}{k!\,n^k} \qquad \text{（根據 p.166）}$$

米爾迦：「式子會像這樣變形。」

$$a_k = \frac{(n-0)(n-1)(n-2)(n-3)\cdots(n-k+1)}{k!\,n^k}$$

$$= \frac{1}{k!} \cdot \frac{(n-0)(n-1)(n-2)(n-3)\cdots(n-k+1)}{n^k}$$

$$= \frac{1}{k!} \cdot \frac{\overbrace{(n-0)\cdot(n-1)\cdot(n-2)\cdot(n-3)\cdots(n-k+1)}^{k\,\text{個積}}}{\underbrace{n\cdot n\cdot n\cdot n\cdots n}_{k\,\text{個積}}}$$

$$= \frac{1}{k!} \cdot \frac{n-0}{n} \cdot \frac{n-1}{n} \cdot \frac{n-2}{n} \cdot \frac{n-3}{n} \cdots \frac{n-k+1}{n}$$

$$= \frac{1}{k!} \cdot 1 \cdot \left(1-\frac{1}{n}\right) \cdot \left(1-\frac{2}{n}\right) \cdot \left(1-\frac{3}{n}\right) \cdots \left(1-\frac{k-1}{n}\right)$$

$$= \frac{1}{k!} \left(1-\frac{1}{n}\right) \left(1-\frac{2}{n}\right) \left(1-\frac{3}{n}\right) \cdots \left(1-\frac{k-1}{n}\right)$$

我：「原來如此，直接讓 a_k 維持積的形式啊。」

$$a_k = \frac{1}{k!} \left(1-\frac{1}{n}\right) \left(1-\frac{2}{n}\right) \cdots \left(1-\frac{k-1}{n}\right)$$

米爾迦：「e_n 是 $a_0, a_1, \cdots, a_k, \cdots, a_n$ 的和，所以要這樣表示。」

$$e_n = \left(1 + \frac{1}{n}\right)^n$$

$$= 1 \qquad\qquad\qquad \leftarrow a_0$$

$$+ 1 \qquad\qquad\qquad \leftarrow a_1$$

$$+ \frac{1}{2!}\left(1 - \frac{1}{n}\right) \qquad\qquad \leftarrow a_2$$

$$+ \frac{1}{3!}\left(1 - \frac{1}{n}\right)\left(1 - \frac{2}{n}\right) \qquad \leftarrow a_3$$

$$+ \cdots$$

$$+ \frac{1}{k!}\left(1 - \frac{1}{n}\right)\left(1 - \frac{2}{n}\right)\cdots\left(1 - \frac{k-1}{n}\right) \quad \leftarrow a_k$$

$$+ \cdots$$

$$+ \frac{1}{n!}\left(1 - \frac{1}{n}\right)\left(1 - \frac{2}{n}\right)\cdots\left(1 - \frac{n-1}{n}\right) \quad \leftarrow a_n$$

蒂蒂：「這邊是令 $n \to \infty$ ！」

米爾迦：「不是喔。」

蒂蒂：「咦！奇怪？」

米爾迦：「我們現在是想證明 e_n 的單調遞增，也就是證明 $e_n < e_{n+1}$，所以要求 e_{n+1}。將 $e_{n+1} = \left(1 + \frac{1}{n+1}\right)^{n+1}$ 以二項式定理展開，令各項為 b_k。」

$$
\begin{aligned}
e_{n+1} &= \left(1 + \frac{1}{n+1}\right)^{n+1} \\
&= 1 && \leftarrow b_0 \\
&+ 1 && \leftarrow b_1 \\
&+ \frac{1}{2!}\left(1 - \frac{1}{n+1}\right) && \leftarrow b_2 \\
&+ \frac{1}{3!}\left(1 - \frac{1}{n+1}\right)\left(1 - \frac{2}{n+1}\right) && \leftarrow b_3 \\
&+ \cdots \\
&+ \frac{1}{k!}\left(1 - \frac{1}{n+1}\right)\left(1 - \frac{2}{n+1}\right)\cdots\left(1 - \frac{k-1}{n+1}\right) && \leftarrow b_k \\
&+ \cdots \\
&+ \frac{1}{n!}\left(1 - \frac{1}{n+1}\right)\left(1 - \frac{2}{n+1}\right)\cdots\left(1 - \frac{n-1}{n+1}\right) && \leftarrow b_n \\
&+ \frac{1}{(n+1)!}\left(1 - \frac{1}{n+1}\right)\left(1 - \frac{2}{n+1}\right)\cdots\left(1 - \frac{n}{n+1}\right) && \leftarrow b_{n+1}
\end{aligned}
$$

蒂蒂:「這個要怎麼計算呢?」

我:「因為 e_n 已經是 n 的式子了,所以將 n 以 $n+1$ 替換就可以計算了喔,蒂蒂。」

米爾迦:「為了證明 $e_n < e_{n+1}$,我們必需比較各項。」

我:「原來如此,分項個別比較 a_k 和 b_k 嗎?」

米爾迦:「這邊要注意的是,e_n 是 a_0 到 a_n,共 $n+1$ 項;e_{n+1} 是 b_0 到 b_{n+1},共 $n+2$ 項。」

蒂蒂:「嗯……」

米爾迦：「$a_0 = b_0$ 和 $a_1 = b_1$ 成立，數值皆為 1。我們來比較 a_2 和 b_2。」

$$\begin{cases} a_2 = \dfrac{1}{2!}\left(1 - \dfrac{1}{n}\right) \\[2mm] b_2 = \dfrac{1}{2!}\left(1 - \dfrac{1}{n+1}\right) \end{cases}$$

我：「因為 $0 < n < n+1$，所以 $\frac{1}{n} > \frac{1}{n+1}$，推得 $1 - \frac{1}{n} < 1 - \frac{1}{n+1}$，因此 $a_2 < b_2$。」

米爾迦：「a_3 和 b_3 的比較作法也是相同。」

$$\begin{cases} a_3 = \dfrac{1}{3!}\left(1 - \dfrac{1}{n}\right)\left(1 - \dfrac{2}{n}\right) \\[2mm] b_3 = \dfrac{1}{3!}\left(1 - \dfrac{1}{n+1}\right)\left(1 - \dfrac{2}{n+1}\right) \end{cases}$$

我：「嗯，的確是 $a_3 < b_3$。」

米爾迦：「一直到 a_n 和 b_n 的比較都是相同的作法。」

$$\begin{cases} a_n = \dfrac{1}{n!}\left(1 - \dfrac{1}{n}\right)\left(1 - \dfrac{2}{n}\right)\cdots\left(1 - \dfrac{n-1}{n}\right) \\[2mm] b_n = \dfrac{1}{n!}\left(1 - \dfrac{1}{n+1}\right)\left(1 - \dfrac{2}{n+1}\right)\cdots\left(1 - \dfrac{n-1}{n+1}\right) \end{cases}$$

米爾迦：「比較後可知 $a_n < b_n$。雖然沒有 a_{n+1}，但 $b_{n+1} > 0$，這也可幫助證明 $e_n < e_{n+1}$。」

我：「嗯，每項都可說是 $a_k \leq b_k$。」

$$
\begin{array}{rcl}
a_0 & = & b_0 \\
a_1 & = & b_1 \\
a_2 & < & b_2 \\
a_3 & < & b_3 \\
& \vdots & \\
a_n & < & b_n \\
（沒有這項）0 & < & b_{n+1}
\end{array}
$$

米爾迦：「將兩邊各項相加，推得 $e_n < e_{n+1}$，證明了數列 $\langle e_n \rangle$ 為單調遞增。」

① 數列 $\langle e_n \rangle$ 為單調遞增。

5.8　②數列 $\langle e_n \rangle$ 有上界

我：「剩下步驟②。」

米爾迦：「對，只要再證明數列 $\langle e_n \rangle$ 有上界，就能說這個數列收斂。」

問題 3（上界）

令 $e_n = \left(1 + \frac{1}{n}\right)^n$，任何正整數 n 皆滿足下式：

$$e_n \leqq A$$

則常數 A 存在嗎（A 為上界）？

米爾迦：「這題簡單，只要將 a_k 的 $\frac{1}{n}$ 全部替換成 0，便能做出下面的不等式。」

$$\begin{aligned} a_k &= \frac{1}{k!}\left(1 - \frac{1}{n}\right)\left(1 - \frac{2}{n}\right)\cdots\left(1 - \frac{k-1}{n}\right) \\ &\leqq \frac{1}{k!}(1-0)(1-0)\cdots(1-0) \\ &= \frac{1}{k!} \end{aligned}$$

我：「原來如此。若知道 $a_k \leqq \frac{1}{k!}$，後面只需要將 $k = 0, 1, 2, \cdots, n$ 代入求和，便可推算 e_n 的不等式。」

$$\begin{aligned} a_0 + a_1 + a_2 + \cdots + a_n &\leqq \frac{1}{0!} + \frac{1}{1!} + \frac{1}{2!} + \cdots + \frac{1}{n!} \\ e_n &\leqq \frac{1}{0!} + \frac{1}{1!} + \frac{1}{2!} + \cdots + \frac{1}{n!} \end{aligned}$$

米爾迦：「因為是要尋找 e_n 的上界，所以我們要向上估計不等式右邊的 $\frac{1}{k!}$，也就是要向下估計 $k!$。$k!$ 是個很大的數，所以不難找。」

我：「我想想……是 2^k 嗎？」

米爾迦：「看來這題太簡單了。」

蒂蒂：「學長學姊，等一下啦！別丟下蒂蒂一人啊！」

我：「妳應該知道我們現在要證明什麼吧？蒂蒂。」

蒂蒂：「是，我知道。我們要求 $e_n \leq A$ 的 A 嗎？」

我：「沒錯，只要證明 A 的常數存在就可以了，當然實際求出具體的數值也是可以。」

米爾迦：「蒂蒂，妳知道他為什麼要說『常數』嗎？」

蒂蒂：「咦⋯⋯常數⋯⋯就是常數啊。」

米爾迦：「滿足 $e_n \leq A$ 的 A 必須不受 n 值影響，即使 n 值不同，A 值也不可以改變。A 值如果改變，就不是上界了。」

蒂蒂：「是的⋯⋯這邊我沒問題，我沒有誤解。我感到焦急的是，學長學姊講出 $k!$、2^k⋯⋯越講越難懂。」

米爾迦：「嗯⋯⋯」

我：「蒂蒂，我們現在是要找 e_n 的上界，也就是找 $e_n \leq A$ 的常數 A，而我們稍微放寬了條件，換成尋找 $\frac{1}{0!} + \frac{1}{1!} + \frac{1}{2!} + \cdots + \frac{1}{n!} \leq A$ 中的 A。A 是不受 n 值影響的常數。」

満足下方條件的常數 A 存在嗎？

$$e_n \leq \frac{1}{0!} + \frac{1}{1!} + \frac{1}{2!} + \cdots + \frac{1}{n!} \leq A$$

蒂蒂：「放寬條件？」

我：「嗯，因為我覺得比起尋找滿足 $e_n \leq A$ 的 A，尋找滿足 $\frac{1}{0!} + \frac{1}{1!} + \frac{1}{2!} + \cdots + \frac{1}{n!} \leq A$ 的 A 會比較簡單。這個點子來自於米爾迦。」

蒂蒂：「那個……『我覺得這樣比較簡單』的直覺要怎麼養成呢？」

我：「這不是直覺那種誇張的能力啦，只是個練習。把玩不等式，碰到想要證明 $x \leq y$ 的問題時，我們會在兩個代數間尋找 m。然後，只要能證明 $x \leq m$、$m \leq y$，就相當於證明了 $x \leq y$……我想靈感就是來自這樣的經驗吧。」

蒂蒂：「這樣啊，靠練習和經驗……」

我：「我和米爾迦會討論 $k!$、2^k 等概念，就是為了尋找滿足 $\frac{1}{0!} + \frac{1}{1!} + \frac{1}{2!} + \cdots + \frac{1}{n!} \leq A$ 的 A，向上估計 $\frac{1}{k!}$，找出滿足 $\frac{1}{k!} \leq A_k$ 的數值。」

蒂蒂：「『向上估計』是指什麼？」

我：「就是找出 $\frac{1}{k!} \leq A_k$ 的 A_k，接著思索 A_k 是否能換成 $\frac{1}{2!}$ 的形式。」

蒂蒂：「這也是靠練習和經驗得來的靈感？」

我：「沒錯，但這算是『知識』吧，討論 $k!$、2^k 有多大的知識。」

米爾迦：「還有讓 $\frac{1}{2^k}$ 比較容易求和的知識喔。」

蒂蒂：「這樣啊，靠練習、經驗、知識……」

米爾迦：「我們繼續討論數學吧，這樣即能以 $k!$ 和 2^k 做出不等式。」

$$
\begin{aligned}
1! &= 1 & &= 1 & &= 2^0 \\
2! &= 2 \cdot 1 & &= 2 \cdot 1 & &= 2^1 \\
3! &= 3 \cdot 2 \cdot 1 & &> 2 \cdot 2 \cdot 1 & &= 2^2 \\
4! &= 4 \cdot 3 \cdot 2 \cdot 1 & &> 2 \cdot 2 \cdot 2 \cdot 1 & &= 2^3 \\
5! &= 5 \cdot 4 \cdot 3 \cdot 2 \cdot 1 & &> 2 \cdot 2 \cdot 2 \cdot 2 \cdot 1 & &= 2^4 \\
&\quad\vdots \\
k! &= k \cdot (k-1) \cdots 2 \cdot 1 & &> 2 \cdot 2 \cdot 2 \cdots 2 \cdot 1 & &= 2^{k-1}
\end{aligned}
$$

米爾迦：「$k! \geq 2^{k-1}$ 取倒數，變為 $\frac{1}{k!} \leq \frac{1}{2^{k-1}}$，再代入 $k = 1, 2, \cdots, n$ 求和。」

$$
\frac{1}{1!} + \frac{1}{2!} + \cdots + \frac{1}{n!} \leqq \frac{1}{2^0} + \frac{1}{2^1} + \cdots + \frac{1}{2^{n-1}}
$$

$$
1 + \frac{1}{1!} + \frac{1}{2!} + \cdots + \frac{1}{n!} \leqq 1 + \frac{1}{2^0} + \frac{1}{2^1} + \cdots + \frac{1}{2^{n-1}}
$$

我：「左邊為 e_n，右邊以等比級數的和作為上界！」

$$1 + \frac{1}{2^0} + \frac{1}{2^1} + \cdots + \frac{1}{2^{n-1}} \leqq 1 + \frac{1}{2^0} + \frac{1}{2^1} + \cdots + \frac{1}{2^{n-1}} + \cdots$$

$$e_n \leqq 1 + \frac{1}{1 - \frac{1}{2}} \qquad \text{（等比級數的和）}$$

$$e_n \leqq 3$$

米爾迦：「推導得到 $e_n \leq 3$。」

我：「這就是上界！」

解答 3（上界）

令 $e_n = \left(1 + \frac{1}{n}\right)^n$ 時，存在著常數 A，對任意正整數 n 滿足下式：

$$e_n \leqq A$$

例如，$e_n \leq 3$。

米爾迦：「至此，我們證明了下面這兩點。」

① 數列 $\langle e_n \rangle$ 為單調遞增。（p.178）

② 數列 $\langle e_n \rangle$ 有上界。（p.183）

米爾迦：「因此，數列 $\langle e_n \rangle$ 收斂。好，告一段落了。」

解答 2（收斂與發散）
一般項為下式的數列：

$$e_n = \left(1 + \frac{1}{n}\right)^n$$

當 $n \to \infty$，會收斂。

我：「米爾迦同學。當 $n \to \infty$，$e_n \to e$，這個極限值 e 是自然對數的底數吧！」

米爾迦：「對，e 就是歐拉常數。」

以數列的極限表示 e

$$e = \lim_{n \to \infty} \left(1 + \frac{1}{n}\right)^n$$

米爾迦：「這個 e 值等於 $\frac{1}{0!} + \frac{1}{1!} + \frac{1}{2!} + \cdots + \frac{1}{n!} \leq A + \cdots\cdots$」

以無限級數表示 e

$$e = \frac{1}{0!} + \frac{1}{1!} + \frac{1}{2!} + \frac{1}{3!} + \cdots$$

$$= \sum_{k=0}^{\infty} \frac{1}{k!}$$

米爾迦：「e 的值為 $e = 2.71828\cdots\cdots$ 無限延續下去。這和圓周率 π 相同，沒有辦法以整數比表示，是無理數。」

以小數表示 e

$$e = 2.718281828459045235360287471352\cdots$$

我：「$\left(\frac{n+1}{n}\right)^n$ 的『除法乘法大亂鬥』最後是除法勝出喔，蒂蒂。$n \to \infty$，$\left(\frac{n+1}{n}\right)^n$ 會收斂到自然對數的底數 e。」

蒂蒂：「好的……我還需要更多『經驗、知識、練習』，加油！」

5.9 指數函數 e^x

米爾迦：「不過這個式子真的是有趣。」

$$\frac{1}{0!} + \frac{1}{1!} + \cdots + \frac{1}{n!} + \cdots$$

米爾迦：「以這個式子為基礎，我們來討論函數 e^x 吧。」

$$e^x = \frac{x^0}{0!} + \frac{x^1}{1!} + \cdots + \frac{x^n}{n!} + \cdots$$

米爾迦：「令這個函數的各項可對 x 微分……」

$$\begin{aligned}
(e^x)' &= \left(\frac{x^0}{0!} + \frac{x^1}{1!} + \cdots + \frac{x^n}{n!} + \cdots\right)' \\
&= 0 + \frac{x^0}{0!} + \frac{x^1}{1!} + \cdots + \frac{x^n}{n!} + \cdots \\
&= \frac{x^0}{0!} + \frac{x^1}{1!} + \cdots + \frac{x^n}{n!} + \cdots \\
&= e^x
\end{aligned}$$

米爾迦：「也就是說，e^x 可以微分好幾次。微分後，函數形式不變。這是指數函數 e^x 的特徵。」

$$e^x \xrightarrow{\text{對}x\text{微分}} e^x \xrightarrow{\text{對}x\text{微分}} e^x \xrightarrow{\text{對}x\text{微分}} \cdots$$

我：「這也是複利計算（年利息為本金的 x 倍、增息 n 次）的極限。」

$$e^x = \lim_{n \to \infty} \left(1 + \frac{x}{n}\right)^n$$

蒂蒂：「我還需要更多的『經驗、練習、知識』……」

瑞谷老師：「放學時間到。」

今天的數學對話結束了。
但是，我們的「微分學習之旅」還會繼續下去。

「——如何才能抓住人類的改變呢？」

第 5 章的問題

●問題 5-1（數列的極限）

試舉出當 $n \to \infty$，不向正無限大發散，不向負無限大發散，也不收斂的數列 $\langle a_n \rangle$。

（解答在 p.218）

●問題 5-2（數列的收斂）

試證明當 $n \to \infty$，下方的數列 $\langle S_n \rangle$ 會收斂。

$$S_n = \frac{1}{0!} + \frac{1}{1!} + \frac{1}{2!} + \frac{1}{3!} + \cdots + \frac{1}{n!}$$

（提示：利用 p.173 的「證明步驟」）

（解答在 p.219）

尾聲

　　某日，某時，在數學資料室。

少女：「哇！有好多資料耶！」

老師：「是啊。」

少女：「老師，這是什麼？」

老師：「妳覺得是什麼呢？」

少女：「線從 n 延伸出來。」

老師：「這是輸出大於 0 的整數列 $\langle 0, 1, 2, 3, \cdots \rangle$ 的裝置。」

少女：「裝置？」

$$\langle 0, 1, 2, 3, \ldots \rangle \longleftarrow \boxed{n}$$

老師：「妳覺得這個裝置是什麼呢？」

少女：「這是輸出數列 $\langle a_0, a_1, a_2, a_3, \cdots \rangle$ 的裝置？」

$$\langle a_0, a_1, a_2, a_3, \ldots \rangle \longleftarrow \boxed{a_n}$$

老師：「沒錯，也有輸出數列 $\langle b_n \rangle$ 的裝置喔。」

$$\langle b_0, b_1, b_2, b_3, \ldots \rangle \longleftarrow \boxed{b_n}$$

少女：「老師，這是什麼？」

$$\longleftarrow \langle\!\langle$$

老師：「妳覺得是什麼呢？」

少女：「同時有輸入、輸出的裝置？」

老師：「對，從右邊輸入數列，再從左邊輸出另一個數列。」

少女：「啊，a_0 消失了耶。」

老師：「這是『偏移』數列的裝置，下面這個也是這種裝置。」

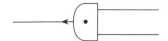

$$\langle 1, 2, 3, 4, \ldots \rangle \longleftarrow \ll \longleftarrow \langle 0, 1, 2, 3, \ldots \rangle \longleftarrow \boxed{n}$$

少女：「輸入 $\langle 0, 1, 2, 3, \cdots \rangle$，再輸出 $\langle 1, 2, 3, 4, \cdots \rangle$？」

老師：「沒錯，第一項消失了。」

少女：「老師，這是什麼？」

老師：「妳覺得是什麼呢？」

少女：「這次有兩個輸入耶——是乘法計算嗎？」

老師：「沒錯，此裝置的名稱為『積』。」

$$\langle a_0 b_0, a_1 b_1, a_2 b_2, a_3 b_3, \ldots \rangle \longleftarrow \langle a_0, a_1, a_2, a_3, \ldots \rangle \longleftarrow \boxed{a_n}$$
$$\langle b_0, b_1, b_2, b_3, \ldots \rangle \longleftarrow \boxed{b_n}$$

少女：「數列各項的積？」

先生：「沒錯。」

少女：「老師，這是什麼？」

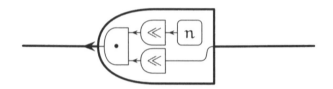

老師：「妳覺得是什麼呢？」

少女：「這裝置可得到將 n『偏移』的數列與輸入的『積』？」

老師：「輸入 $\langle 5, 3, 1, 0, 0, \cdots \rangle$，會輸出 $\langle 3, 2, 0, 0, \cdots \rangle$ 喔。」

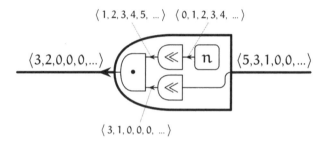

少女：「……老師，這個裝置的名稱是什麼？」

老師：「這是『微分』。」

少女：「『微分』？」

老師：「將函數 $5 + 3x + x^2$ 的係數看作數列 $\langle 5, 3, 1, 0, 0, \cdots \rangle$，而函數 $3 + 2x$ 看作數列 $\langle 3, 2, 0, 0, \cdots \rangle$，則 $5 + 3x + x^2$ 對 x 微分，的確是 $3 + 2x$。」

少女：「不是 $x^2 + 3x + 5$，而是 $5 + 3x + x^2$ 嗎？」

老師：「因為我們想要處理無限數列。舉例來說，令指數函數 e^x 表示成這樣。」

$$e^x = \frac{x^0}{0!} + \frac{x^1}{1!} + \frac{x^2}{2!} + \frac{x^3}{3!} + \cdots$$

少女：「⋯⋯」

老師：「將這個數列用 $\langle E_n \rangle$ 表示，會像這樣。」

$$\langle E_n \rangle = \left\langle \frac{1}{0!}, \frac{1}{1!}, \frac{1}{2!}, \frac{1}{3!}, \cdots \right\rangle$$

少女：「係數的數列⋯⋯」

老師：「將 $\langle E_n \rangle$ 輸入『微分』——」

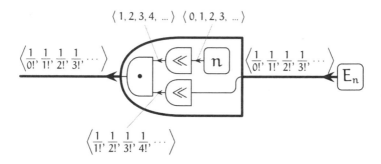

少女：「什麼都沒有變喔，老師。」

老師：「指數函數 e^x 對 x 微分，仍然是 e^x，沒有變化。」

少女：「哇！」

老師：「$\sin x$ 可表示成下面的數列 $\langle S_n \rangle$。」

$$\langle S_n \rangle = \left\langle 0, \frac{+1}{1!}, 0, \frac{-1}{3!}, 0, \frac{+1}{5!}, 0, \frac{-1}{7!}, \cdots \right\rangle$$

老師：「將這個數列輸入『微分』，會變得如何呢？」

$$\langle 1, 2, 3, 4, 5, 6, 7, 8, \ldots \rangle \quad \langle 0, 1, 2, 3, 4, 5, 6, 7, \ldots \rangle$$

$$\left\langle \frac{+1}{0!}, 0, \frac{-1}{2!}, 0, \frac{+1}{4!}, 0, \frac{-1}{6!}, 0, \cdots \right\rangle$$

$$\langle n \rangle$$

$$\left\langle 0, \frac{+1}{1!}, 0, \frac{-1}{3!}, 0, \frac{+1}{5!}, 0, \frac{-1}{7!}, \cdots \right\rangle \quad \boxed{S_n}$$

$$\left\langle \frac{+1}{1!}, 0, \frac{-1}{3!}, 0, \frac{+1}{5!}, 0, \frac{-1}{7!}, 0, \cdots \right\rangle$$

少女：「結果是輸出 $\cos x$ 對應的數列——$\langle C_n \rangle$！」

$$\langle C_n \rangle = \left\langle \frac{+1}{0!}, 0, \frac{-1}{2!}, 0, \frac{+1}{4!}, 0, \frac{-1}{6!}, 0, \cdots \right\rangle$$

少女說完，呵呵地笑開了。

【解答】

A　　　N　　　S　　　W　　　E　　　R　　　S

第 1 章的解答

●問題 1-1（位置關係圖）

下圖為點 P 在直線上，時刻 t 與位置 x 的關係圖。

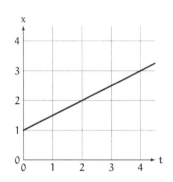

①試求時刻 $t = 1$ 的位置 x。

②試求位置 $x = 3$ 的時刻 t。

③假設點 P 持續相同的運動，試求位置 $x = 100$ 的時刻 t。

④試畫出點 P 的速度關係圖。

■解答 1-1

①時刻 $t=1$ 的位置 x，可由下圖的方式判讀。

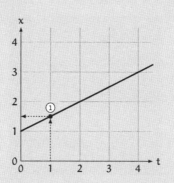

答：$x=1.5$（或是 $x=\dfrac{3}{2}$）

②到達位置 $x=3$ 的時刻 t，可由下圖的方式判讀。

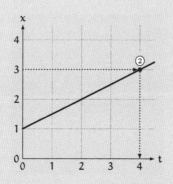

答：$t=4$

③因為位置關係圖的斜率為 $\dfrac{1}{2}$，所以點 P 是在做速度 $v=\dfrac{1}{2}$ 的等速度運動。由速度的定義可知：

$$速度 = \frac{變化後的位置 - 變化前的位置}{變化後的時刻 - 變化前的時刻}$$

所以，可利用此式子來求目標時間。將「變化前的時刻」代入 0、「變化前的位置」代入 1、「變化後的位置」代入 100、「變化後的時刻」代入 t，得到下面的式子：

$$\frac{1}{2} = \frac{100 - 1}{t - 0}$$

用這個式子來求時刻 t 吧。

$$\frac{1}{2} = \frac{100 - 1}{t - 0} \quad \text{由速度的定義}$$

$$\frac{1}{2} = \frac{99}{t} \quad \text{計算分母、分子}$$

$$\frac{t}{2} = 99 \quad \text{兩邊同乘 } t$$

$$t = 198 \quad \text{兩遍同乘 2}$$

答：$t = 198$

④點 P 做速度 $v = \frac{1}{2}$ 的等速度運動。速度關係圖如下頁。

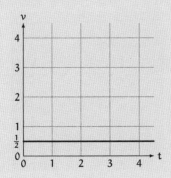

●問題 1-2（位置關係圖）

下圖為點 P 在直線上，時刻 t 與位置 x 的關係圖。

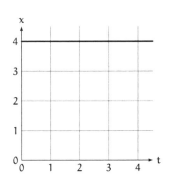

請畫出點 P 的速度關係圖。

■解答 1-2

點 P 在任何時刻 t，位置都不變化，維持在 $x = 4$。也就是說，點 P 為靜止不動的（靜止狀態）。因此，速度維持 $v = 0$，速度關係圖如下：

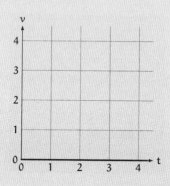

●問題 1-3（位置關係圖）

下圖為點 P 在直線上，時刻 t 與位置 x 的關係圖。

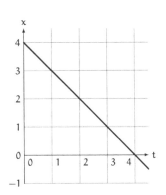

試畫出點 P 的速度 v 關係圖。

■解答 1-3

　　點 P 的時間 t 僅變化 1、位置 x 僅變化 -1。也就是說，點 P 正在做 $v = -1$ 的等速度運動。速度關係圖如下頁：

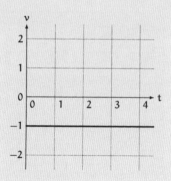

第 2 章的解答

●問題 2-1（判讀位置關係圖）

直線上動點的「位置關係圖」如下 (A)～(F) 所示，各點
在做什麼樣的運動？請選擇選項①～④。

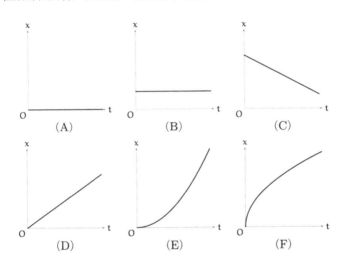

選項

①靜止（速度維持為 0）

②等速度運動（速度固定但不為 0）

③漸漸變快（速度為正且逐步增加）

④漸漸變慢（速度為正但逐步減少）

■解答 2-1

(A) 位置維持 $x = 0$ 沒有變化，所以此點為靜止狀態（①）。

(B) 位置維持 $x > 0$ 沒有變化，所以此點和 (A) 相同，為靜止狀態（①）。

(C) 隨著時間增加，位置以固定的比例減少，所以此點在做等速度運動，點的速度為負（②）。

(D) 隨著時間增加，位置以固定的比例增加，所以此點在做等速度運動，點的速度為正（②）。

(E) 隨著時間增加，位置增加且增加越來越多，所以此點的速度是逐漸變快（③）。

(F) 隨著時間增加，位置增加，但增加得越來越少，所以此點的速度是逐漸變慢（④）。

答：(A)①　(B)①　(C)②　(D)②　(E)③　(F)④

●問題 2-2（試求速度）

第 2 章，我們得知若時刻 t 的位置 x 為：

$$x = t^2$$

則時刻 t 的速度 v 為：

$$v = 2t$$

此外，若時刻 t 的位置 x 為：

$$x = t^2 + 5$$

則時間 t 的速度 v 數學式為何？

■解答 2-2

首先，根據定義來計算時刻從 t 變化到 $t+h$ 的速度。

$$速度 = \frac{位置的變化}{時間的變化}$$

$$= \frac{變化後的位置 - 變化前的位置}{變化後的時刻 - 變化前的時刻}$$

$$= \frac{((t+h)^2 + 5) - (t^2 + 5)}{(t+h) - t}$$

$$= \frac{(t^2 + 2th + h^2 + 5) - (t^2 + 5)}{h}$$

$$= \frac{t^2 + 2th + h^2 + 5 - t^2 - 5}{h}$$

$$= \frac{2th + h^2}{h}$$

$$= 2t + h$$

推得的速度為 $2t + h$，當時間的變化 h 逼近 0，時刻 t 的速度會變為 $v = 2t$。

答：$v = 2t$

補充：由這個答案可知，位置 $x = t^2$ 和位置 $x = t^2 + 5$ 的速度同為 $v = 2t$。由計算可知，一般化的位置 $x = t^2 + a$，速度同樣是 $v = 2t$。式子中的 a 表示時刻 $t = 0$ 的位置，所以我們知道，速度不受時刻 $t = 0$ 的位置影響。

第 3 章的解答

●問題 3-1（巴斯卡三角形）
請寫出巴斯卡三角形。

■解答 3-1
　　將相鄰兩數值相加，以產生下一行的數值，即可寫出巴斯卡三角形。寫到第 9 行的例子，如下所示：

巴斯卡三角形

另外，將巴斯卡三角形向左對齊，即可形成如下的「組合數 $\binom{n}{k}$ 表」。

		k								
		0	1	2	3	4	5	6	7	8
	0	1								
	1	1	1							
	2	1	2	1						
	3	1	3	3	1					
n	4	1	4	6	4	1				
	5	1	5	10	10	5	1			
	6	1	6	15	20	15	6	1		
	7	1	7	21	35	35	21	7	1	
	8	1	8	28	56	70	56	28	8	1

組合數 $\binom{n}{k}$ 表

●問題 3-2（函數 x^4 的微分）

試求函數 x^4 對 x 微分的導函數。

（請計算 x 僅變化 h 時的「x^4 的平均變化率」，描述 h 逼近 0 的情形。）

■解答 3-2

首先，計算 x 僅變化 h 的「x^4 的平均變化率」。

$$x^4 的平均變化率 = \frac{x^4 的變化}{x 的變化}$$

$$= \frac{變化後 x^4 的值 - 變化前 x^4 的值}{變化後 x 的值 - 變化前 x 的值}$$

$$= \frac{(x+h)^4 - (x)^4}{(x+h) - (x)}$$

$$= \frac{(x+h)^4 - x^4}{h} \quad 計算分母$$

$$= \frac{1}{h}\left\{(x+h)^4 - x^4\right\}$$

$$= \frac{1}{h}\left(1x^4h^0 + 4x^3h^1 + 6x^2h^2 + 4x^1h^3 + 1x^0h^4 - x^4\right)$$

$$= \frac{1}{h}\left(x^4 + 4x^3h + 6x^2h^2 + 4xh^3 + h^4 - x^4\right)$$

$$= \frac{1}{h}\left(4x^3h + 6x^2h^2 + 4xh^3 + h^4\right) \quad x^4 相減後消去$$

$$= 4x^3 + 6x^2h + 4xh^2 + h^3$$

$$= 4x^3 + \underbrace{h(6x^2 + 4xh + h^2)}_{乘上 h 的式子}$$

當 h 逼近 0，「x^4 的平均變化率」會逼近 $4x^3$。因此，x^4 對 x 微分所得的導函數為 $4x^3$。

答：導函數為 $4x^3$

●問題 3-3（速度與位置）

點在直線上運動，其速度為時刻 t 的函數 $4t^3$。此時，我們可說點的位置為時刻 t 函數 t^4 嗎？

■解答 3-3

不行，點的位置不一定為 t^4。

比方說，$t = 0$ 時，點的位置為 1，則點的位置可表示為：

$$t^4 + 1$$

也就是 t 的函數。然而，在這樣的情況下，速度也是 $4t^3$。點的位置一般化為：

$$t^4 + a \quad （a 為不受 t 影響的常數）$$

亦即表示成 t 的函數時，速度皆為 $4t^3$。

第 4 章的解答

●問題 4-1（360 的因數）

在 p.121 提到，360 有很多正的因數。試求 360 所有的正因數。

（360 的正因數是能夠整除 360，且大於 1 的整數。）

■解答 4-1

將 360 依序除以 1, 2, 3,……計算是否整除，便能找出所有因數。請注意，整除的答案（商）也是因數，如（1,360），（2,180），（3,120）……等，可以找到兩兩一組的因數。

將 360 依序除以 1, 2, 3,……（18,20）因數組的下一個是（20,18），接下來出現的所有因數組都是已出現過的組別兩數順序交換的組合，所以不必再算一次。

360 的因數如下，這邊將同組的兩數上下排列。

1	2	3	4	5	6	8	9	10	12	15	18
360	180	120	90	72	60	45	40	36	30	24	20

注意：求 $9 = 3^2$ 這類平方數的因數，會有因數組的兩數相同的情形。

【另解】

將 360 做質因數分解：

$$360 = 2^3 \times 3^2 \times 5^1$$

（質因數為 2,3,5），因此 360 的因數可表示成：

$$2^a \times 3^b \times 5^c$$

$$\begin{cases} a &= 0,1,2,3 \\ b &= 0,1,2 \\ c &= 0,1 \end{cases}$$

討論滿足此條件（a,b,c）的所有組合，即能求出 360 的所有因數。

a	b	c	因數	
0	0	0	$2^0 \times 3^0 \times 5^0$	$= 1$
1	0	0	$2^1 \times 3^0 \times 5^0$	$= 2$
2	0	0	$2^2 \times 3^0 \times 5^0$	$= 4$
3	0	0	$2^3 \times 3^0 \times 5^0$	$= 8$
0	1	0	$2^0 \times 3^1 \times 5^0$	$= 3$
1	1	0	$2^1 \times 3^1 \times 5^0$	$= 6$
2	1	0	$2^2 \times 3^1 \times 5^0$	$= 12$
3	1	0	$2^3 \times 3^1 \times 5^0$	$= 24$
0	2	0	$2^0 \times 3^2 \times 5^0$	$= 9$
1	2	0	$2^1 \times 3^2 \times 5^0$	$= 18$
2	2	0	$2^2 \times 3^2 \times 5^0$	$= 36$
3	2	0	$2^3 \times 3^2 \times 5^0$	$= 72$
0	0	1	$2^0 \times 3^0 \times 5^1$	$= 5$
1	0	1	$2^1 \times 3^0 \times 5^1$	$= 10$
2	0	1	$2^2 \times 3^0 \times 5^1$	$= 20$
3	0	1	$2^3 \times 3^0 \times 5^1$	$= 40$
0	1	1	$2^0 \times 3^1 \times 5^1$	$= 15$
1	1	1	$2^1 \times 3^1 \times 5^1$	$= 30$
2	1	1	$2^2 \times 3^1 \times 5^1$	$= 60$
3	1	1	$2^3 \times 3^1 \times 5^1$	$= 120$
0	2	1	$2^0 \times 3^2 \times 5^1$	$= 45$
1	2	1	$2^1 \times 3^2 \times 5^1$	$= 90$
2	2	1	$2^2 \times 3^2 \times 5^1$	$= 180$
3	2	1	$2^3 \times 3^2 \times 5^1$	$= 360$

●問題 4-2（多項式函數的微分）

請將下列函數對 x 微分兩次。

① $3x^2 + 4x + 3$

② $2x^3 - x^2 - 3x - 5$

③ $\dfrac{1}{0!} + \dfrac{x^1}{1!} + \dfrac{x^2}{2!} + \dfrac{x^3}{3!} + \dfrac{x^4}{4!} + \cdots + \dfrac{x^{100}}{100!}$

（定義 $n! = n\,(n - 1) \cdots 2 \cdot 1$，$0! = 1$）

■解答 4-2

①和的微分等於將各項微分後再求和。

$$3x^2 + 4x + 3 \quad \xrightarrow[\text{對 } x \text{ 微分}]{\text{對 } x \text{ 微分}} \quad 6x + 4$$
$$6x + 4 \quad \xrightarrow{} \quad 6$$

答：6

②

$$2x^3 - x^2 - 3x - 5 \quad \xrightarrow[\text{對 } x \text{ 微分}]{\text{對 } x \text{ 微分}} \quad 6x^2 - 2x - 3$$
$$6x^2 - 2x - 3 \quad \xrightarrow{} \quad 12x - 2$$

答：$12x - 2$

③首先，計算一般項 $\frac{x^n}{n!}$ 的微分。當 $n \geq 1$，$\frac{x^n}{n!} = \frac{x^n}{n \times (n-1)!}$，注意分母出現的 n。

$$\frac{x^n}{n!} \xrightarrow{\text{對 } x \text{ 微分}} \frac{nx^{n-1}}{n!} = \frac{nx^{n-1}}{n \times (n-1)!} = \frac{x^{n-1}}{(n-1)!}$$

也就是說，當 $n \geq 1$，則：

$$\frac{x^n}{n!} \xrightarrow{\text{對 } x \text{ 微分}} \frac{x^{n-1}}{(n-1)!}$$

$$\frac{1}{0!} + \frac{x^1}{1!} + \frac{x^2}{2!} + \frac{x^3}{3!} + \frac{x^4}{4!} + \cdots + \frac{x^{100}}{100!}$$

$$\xrightarrow{\text{對 } x \text{ 微分}} 0 + \frac{1}{0!} + \frac{x^1}{1!} + \frac{x^2}{2!} + \frac{x^3}{3!} + \cdots + \frac{x^{99}}{99!}$$

$$\frac{1}{0!} + \frac{x^1}{1!} + \frac{x^2}{2!} + \frac{x^3}{3!} + \cdots + \frac{x^{99}}{99!}$$

$$\xrightarrow{\text{對 } x \text{ 微分}} 0 + \frac{1}{0!} + \frac{x^1}{1!} + \frac{x^2}{2!} + \cdots + \frac{x^{98}}{98!}$$

$$\underline{1 + x + \frac{x^2}{2!} + \cdots + \frac{x^{98}}{98!}}$$

$$\underline{\text{答}: 1 + x + \frac{x^2}{2!} + \cdots\cdots + \frac{x^{98}}{98!}}$$

補充：將上面的答案寫成：

$$\frac{1}{0!} + \frac{x^1}{1!} + \frac{x^2}{2!} + \cdots + \frac{x^{98}}{98!}$$

由此可知，這和微分前的形式相似。

●問題 4-3（三角函數）

請回想關係圖，填滿增減表的空欄。

x	0	...	$\frac{\pi}{2}$	...	π	...	$\frac{3\pi}{2}$	...	2π
sin x	0	↗	1	↘	0				
cos x									
− sin x									
− cos x									

■解答 4-3

如下頁：

x	0	⋯	$\frac{\pi}{2}$	⋯	π	⋯	$\frac{3\pi}{2}$	⋯	2π
$\sin x$	0	↗	1	↘	0	↘	−1	↗	0
$\cos x$	1	↘	0	↘	−1	↗	0	↗	1
$-\sin x$	0	↘	−1	↗	0	↗	1	↘	0
$-\cos x$	−1	↗	0	↗	1	↘	0	↘	−1

每微分一次，圖形僅偏移 $\frac{\pi}{2}$，最大值為灰底格子的數。

第 5 章的解答

> ●問題 5-1（數列的極限）
>
> 試舉出當 $n \to \infty$，不向正無限大發散，不向負無限大發
> 散，也不收斂的數列 $\langle a_n \rangle$。

■解答 5-1

例如，一般項為 $a_n = (-1)^n$ 的數列，若 n 為奇數，$a_n = -1$；
若 n 為偶數，$a_n = 1$。因此，數列 $\langle a_n \rangle$ 在 $n \to \infty$ 時，不向正無
限大發散，也不向負無限大發散，也沒有收斂到特定的數值。

這樣的數列稱為震盪數列。震盪是發散的一種。

【另解】

使用第 4 章出現的三角函數 $\sin x$，也可以做出震盪數列。
例如：

$$a_n = \sin \frac{n\pi}{2}$$

當 $n = 0, 1, 2, 3, 4, 5, 6, \cdots$，$a_n$ 為以下數列：

$$0, 1, 0, -1, 0, 1, 0, \ldots$$

●問題 5-2（數列的收斂）

試證明當 $n \to \infty$，下方的數列 $\langle S_n \rangle$ 會收斂。

$$S_n = \frac{1}{0!} + \frac{1}{1!} + \frac{1}{2!} + \frac{1}{3!} + \cdots + \frac{1}{n!}$$

（提示：利用 p.173 的「證明步驟」）

■解答 5-2

證明以下兩點。

①數列 $\langle S_n \rangle$ 為單調遞增。

②數列 $\langle S_n \rangle$ 有上界。

①數列 $\langle S_n \rangle$ 為單調遞增的證明：

$n = 1, 2, 3, \cdots$，$\frac{1}{(n+1)!} > 0$ 皆成立。

所以，由下式可推得 $S_n < S_{n+1}$，數列 $\langle S_n \rangle$ 為單調遞增。

$$S_n < S_n + \frac{1}{(n+1)!} = S_{n+1}$$

②數列 $\langle S_n \rangle$ 有上界的證明

利用 p.183 解答 3 的討論。當 $n = 1, 2, 3, \cdots$，下方等式皆成立。

$$S_n = \frac{1}{0!} + \frac{1}{1!} + \frac{1}{2!} + \frac{1}{3!} + \cdots + \frac{1}{n!}$$

$$\leqq 1 + \frac{1}{2^0} + \frac{1}{2^1} + \frac{1}{2^2} + \cdots + \frac{1}{2^{n-1}}$$

$$< 1 + \frac{1}{2^0} + \frac{1}{2^1} + \frac{1}{2^2} + \cdots + \frac{1}{2^{n-1}} + \cdots$$

$$= 1 + \frac{1}{1 - \frac{1}{2}} \qquad （等比級數和）$$

$$= 3$$

所以推得 $S_n \leq 3$，數列 $\langle S_n \rangle$ 有上界。

由上述①和②，可證明數列 $\langle S_n \rangle$ 會收斂。

獻給想要深入思考的你

　　在此，我將提出一些全然不同的題目，獻給除了本書的數學對話，還想多思考的你。本書不提供這些題目的解答，而且正確答案不只一個。

　　請試著自己解題，或找一些同伴，一起來仔細思考。

第 1 章　位置的變化

●研究問題 1-X1（時間）

在第 1 章，「我」稱 t 為「時刻」，但「所花的時間」、「一定的時間」、「長時間」等句子則用「時間」一詞。「時刻」和「時間」有何不同？

●研究問題 1-X2（未來）

在第 1 章，「我」和由梨討論過「未來大多定為正值」的理由（p.7）。你覺得為什麼未來大多為正值呢？

●研究問題 1-X3（圓周上的動點）

在第 1 章，我們只討論直線上的動點。若討論圓周上的動點，「位置」、「速度」應如何定義呢？

第 2 章 速度的變化

●研究問題 2-X1（微分和階差數列）

在第 2 章的最後，由梨說「微分和階差數列很像！」。
而數列 $a_1, a_2, a_3, \cdots$ 的階差數列 $b_1, b_2, b_3, \cdots$，可由下面的計算推得。

$$b_n = a_{n+1} - a_n \qquad (n = 1, 2, 3, \ldots)$$

「位置對時刻微分所得的速度」和「從數列得到的階差數列」，是否也有相似的地方呢？

●研究問題 2-X2（儀表板）

汽車的儀表板是用來測量汽車的速度嗎？

●研究問題 2-X3（求不出速度的情況）

在第 2 章，我們討論了位置 $x = t^2$ 的速度，使時刻的變化 h 逼近 0，來求瞬時速度。不過，是否存在無法求得速度的位置變化呢？

第 3 章　巴斯卡三角形

●研究問題 3-X1（三角形數與三角錐數）

在第 3 章，我們討論了巴斯卡三角形出現的「三角形數」、「三角錐數」的圖形意義。那麼，三角錐數的下一個數列：

$$1, 5, 15, 35, 70, \ldots$$

其圖形意義為何？

```
                1
              1   1
            1   2   1
          1   3   3   1
        1   4   6   4   1
      1   5   10   10   5   1
    1   6   15   20   15   6   1
  1   7   21   35   35   21   7   1
1   8   28   56   70   56   28   8   1
```

●研究問題 3-X2（數列）

在第 3 章，蒂蒂觀察了巴斯卡三角形各行的和。那麼，下圖斜行數字的和，會是什麼樣的數列呢？

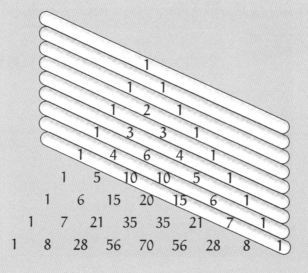

●研究問題 3-X3（規則）

試著將巴斯卡三角形的偶數（能被 2 除盡的數）畫上○的符號。你能看出什麼規則？為什麼是這個規則呢？此外，請你也討論被 3 除盡的數、被 4 除盡的數……

第 4 章 位置、速度、加速度

●研究問題 4-X1（多次微分也無法變成常數的函數）

在第 4 章，以函數 sin x 為「多次微分也無法變成常數的函數」的例子。試問是否還有其他「多次微分也無法變成常數的函數」？

●研究問題 4-X2（三角函數的微分）

在第 4 章，討論了函數 sin x 的導函數為 cos x。請利用圖形「切線的斜率」，求下面函數 $f(x)$ 的導函數 $f'(x)$。

$$f(x) = \sin(x + \alpha)$$

式子中的 α 為不受 x 影響的常數。

第 5 章　除法乘法大亂鬥

●研究問題 5-X1（複利計算）
請調查一般的銀行，存款一年的利息（年利息）為多少
百分比？試計算儲存 n 年的存款額為原本金的多少倍？

●研究問題 5-X2（自然對數底數 e 的近似值）
在第 5 章，以不同 n 值計算了下式：

$$\left(1 + \frac{1}{n}\right)^n$$

試以相同的 n 值計算下式：

$$\frac{1}{0!} + \frac{1}{1!} + \cdots + \frac{1}{n!}$$

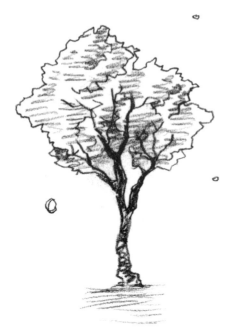

後記

　　大家好，我是結城浩。

　　感謝各位閱讀《數學女孩秘密筆記：微分篇》。我們從「捕捉變化」的觀點討論了「微分函數」，各位覺得如何呢？

　　本書由cakes網站所連載的《數學女孩秘密筆記》第四十一回至第五十回重新編輯而成。如果你讀完本書，想知道更多關於《數學女孩秘密筆記》的內容，請你一定要上這個網站。

　　《數學女孩秘密筆記》系列，以平易近人的數學為題材，描述國中生由梨、高中生蒂蒂、米爾迦，以及「我」，四人盡情談論數學的故事。

　　這些角色亦活躍於另一個系列《數學女孩》，這是以更深廣的數學為題材，所寫成的青春校園物語，推薦給你！另外，這兩個系列的英語版亦於 Bento Books 刊行喔。

　　請支持《數學女孩》與《數學女孩秘密筆記》這兩個系列！

日文原書使用 LaTeX 2_ε 與 Euler Font（AMS Euler）排版。排版參考了奧村晴彥老師所作的《LaTeX 2_ε 美文書編寫入門》，繪圖則使用 OmniGraffle、TikZ 軟體，以及大熊一弘先生（tDB 先生）的初等數學製成軟體 macro emath。在此表示感謝。

感謝下列各位，以及許多不願具名的人們，閱讀我的原稿，提供寶貴的意見。當然，本書內容若有錯誤，皆為我的疏失，並非他們的責任。

淺見悠太、五十嵐龍也、石宇哲也、
石本龍太、稻葉一浩、上原隆平、植松彌公、
內田陽一、大西健登、北川巧、木村巖、
毛塚和宏、上瀧佳代、坂口亞希子、
高市祐貴、田中克佳、谷口亞紳、乘松明加、
原五巳、藤田博司、
梵天結鳥（medaka-college）、前原正英、
增田菜美、松浦篤史、三宅喜義、村井建、
村岡祐輔、山田泰樹、米田貴志。

感謝一直以來負責《數學女孩秘密筆記》與《數學女孩》兩個系列的 SB Creative 野沢喜美男總編輯。

感謝 cakes 網站的加藤貞顯。

感謝協助我執筆的各位同仁。

感謝我最愛的妻子與兩個兒子。

感謝閱讀本書到最後的各位。

那麼，我們在下一本《數學女孩秘密筆記》再會囉！

結城 浩

索引

國家圖書館出版品預行編目（CIP）資料

數學女孩秘密筆記. 微分篇 / 結城浩作；衛宮紘
譯. -- 初版. -- 新北市：世茂, 2016.08
面；　公分. --(數學館；26)

ISBN 978-986-93178-7-0（平裝）

1.微分

314.2　　　　　　　　　105012864

數學館 26

數學女孩秘密筆記：微分篇

作　　者／結城浩
審 訂 者／洪萬生
譯　　者／衛宮紘
主　　編／陳文君
責任編輯／石文穎
出 版 者／世茂出版有限公司
地　　址／（231）新北市新店區民生路 19 號 5 樓
電　　話／（02）2218-3277
傳　　真／（02）2218-3239（訂書專線）
　　　　　（02）2218-7539
劃撥帳號／19911841
戶　　名／世茂出版有限公司　單次郵購總金額未滿 500 元（含），請加 80 元掛號費
世茂官網／www.coolbooks.com.tw
排版製版／辰皓國際出版製作有限公司
印　　刷／世和彩色印刷股份有限公司
初版一刷／2016 年 8 月
　三刷／2024 年 1 月

Ｉ Ｓ Ｂ Ｎ／978-986-93178-7-0
定　　價／320 元

讀者回函卡

感謝您購買本書，為了提供您更好的服務，歡迎填妥以下資料並寄回，我們將定期寄給您最新書訊、優惠通知及活動消息。當然您也可以E-mail：service@coolbooks.com.tw，提供我們寶貴的建議。

您的資料（請以正楷填寫清楚）

購買書名：＿＿＿＿＿＿＿＿＿＿＿＿＿＿＿＿＿＿＿＿＿

姓名：＿＿＿＿＿＿＿＿　生日：＿＿＿＿年＿＿＿月＿＿＿日

性別：□男 □女　E-mail：＿＿＿＿＿＿＿＿＿＿＿＿＿＿

住址：□□□＿＿＿＿＿縣市＿＿＿＿＿＿鄉鎮市區＿＿＿＿＿路街
＿＿＿＿＿段＿＿＿＿巷＿＿＿＿弄＿＿＿＿號＿＿＿＿樓

聯絡電話：＿＿＿＿＿＿＿＿＿＿＿＿＿＿＿＿＿

職業：□傳播 □資訊 □商 □工 □軍公教 □學生 □其他：＿＿＿

學歷：□碩士以上 □大學 □專科 □高中 □國中以下

購買地點：□書店 □網路書店 □便利商店 □量販店 □其他：＿＿＿

購買此書原因：＿＿ ＿＿ ＿＿ ＿＿ ＿＿ ＿＿（請按優先順序填寫）
1封面設計 2價格 3內容 4親友介紹 5廣告宣傳 6其他：＿＿＿

本書評價：＿＿ 封面設計 1非常滿意 2滿意 3普通 4應改進
＿＿ 內　容 1非常滿意 2滿意 3普通 4應改進
＿＿ 編　輯 1非常滿意 2滿意 3普通 4應改進
＿＿ 校　對 1非常滿意 2滿意 3普通 4應改進
＿＿ 定　價 1非常滿意 2滿意 3普通 4應改進

給我們的建議：＿＿＿＿＿＿＿＿＿＿＿＿＿＿＿＿＿＿
＿＿＿＿＿＿＿＿＿＿＿＿＿＿＿＿＿＿＿＿＿＿＿＿＿＿＿
＿＿＿＿＿＿＿＿＿＿＿＿＿＿＿＿＿＿＿＿＿＿＿＿＿＿＿

電話：(02) 22183277
傳真：(02) 22187539

用您的眼睛·看盡世界

用您的智慧·掌握未來

廣告回函
北區郵政管理局登記證
北台字第9702號
免貼郵票

231新北市新店區民生路19號5樓

世茂
世潮 出版有限公司 收
智富